新型农民职业技能培训教材

兽药经销员培训教程

李建柱 主编

中国农业科学技术出版社

图书在版编目(CIP)数据

兽药经销员培训教程/李建柱主编.—北京:中国农业科学技术出版社,2011.12
ISBN 978-7-5116-0742-3

Ⅰ.①兽… Ⅱ.①李… Ⅲ.①兽用药-市场营销学-技术培训-教材 Ⅳ.①F763

中国版本图书馆 CIP 数据核字(2011)第 243593 号

责任编辑	朱 绯
责任校对	贾晓红 郭苗苗
出 版 者	中国农业科学技术出版社
	北京市中关村南大街12号 邮编:100081
电 话	(010)82106626(编辑室) (010)82109704(发行部)
	(010)82109709(读者服务部)
传 真	(010)82106624
网 址	http://www.castp.cn
经 销 者	各地新华书店
印 刷 者	北京富泰印刷有限责任公司
开 本	850 mm×1 168 mm
印 张	4.25
字 数	114 千字
版 次	2011年12月第1版 2011年12月第1次印刷
定 价	12.50 元

◁◀◀版权所有·翻印必究▶▶▷

《兽药经销员培训教程》
编委会

主　编　李建柱

编　者　何书海　唐雪峰　徐光科

　　　　刘纪成　陈　敏　刘　涛

前　言

　　兽药经销员是兽药市场前沿的一线执行者，是联系兽药生产企业和养殖企业（户）之间的重要纽带。一个合格的兽药经销员，不但可以实现个人人生价值和获取丰厚的劳动报酬，同时也直接关系到兽药行业的健康发展。根据农业部、财政部办公厅《2011年农村劳动力培训阳光工程项目实施指导意见》的通知，为现代农业发展和新农村建设提供人才支撑，我们组织编写了《兽药经销员培训教程》。

　　本书主要从兽药经销员的素质要求、兽药经销员须具备的基础知识、兽药店的开店准备、兽药店的经营艺术和兽药店客户管理5个方面对兽药营销技巧和兽药店经营艺术进行了详细的介绍。

　　本书内容避免了枯燥的教条理论，语言力求通俗易懂，对兽药营销专业人员及兽药店经营管理者来说，针对性、可操作性强，是一本相当实用的工具书。同时，可作为高职高专在校畜牧兽医、兽药生产与营销等专业师生的课外阅读书。

　　由于笔者的水平有限，定有不当和错漏之处，诚望读者批评指正。

著　者

2011年8月

目 录

第一章　兽药经销员的素质要求 ……………………… 1
　一、兽药经销员的基本素质 ……………………………… 1
　二、兽药经销员的专业素质 ……………………………… 8

第二章　兽药经销员须具备的基础知识 ……………… 10
　一、兽药基本知识 ……………………………………… 10
　二、畜禽常见疾病的鉴别诊断与防治 ………………… 40
　三、养殖环境对动物生产和发病的影响 ……………… 67
　四、兽药市场营销知识 ………………………………… 74

第三章　兽药店的开店准备 …………………………… 80
　一、兽药店经营目标的确定 …………………………… 80
　二、兽药店目标确定应遵循原则 ……………………… 80
　三、兽药店开店的各种准备 …………………………… 82
　四、兽药店必备要素 …………………………………… 84
　五、选择合作厂家 ……………………………………… 85
　六、兽药店起名 ………………………………………… 87
　七、宣传 ………………………………………………… 88
　八、兽药经营许可证申请 ……………………………… 89

第四章　兽药店的经营艺术 …………………………… 92
　一、学会沟通技巧 ……………………………………… 92
　二、兽药店经营方法 …………………………………… 95
　三、如何选择不同品牌的兽药 ………………………… 98
　四、如何有效地提升兽药营销业绩 …………………… 100
　五、兽药店营销注意事项 ……………………………… 101

六、兽药营销的售后服务 ·············· 102
七、促销艺术 ·············· 105
八、催收赊欠款的技巧 ·············· 111

第五章　兽药店客户管理 ·············· 116
一、客户的类型 ·············· 116
二、客户管理 ·············· 118
三、客户异议处理 ·············· 120

参考文献 ·············· 127

第一章 兽药经销员的素质要求

随着我国畜牧养殖业的快速发展,对兽药经销人才的需求也急剧增加。一大批大中专院校的毕业生和农村青年也积极的投身于这个行业,希望能从这里成就自己的事业。

优秀的兽药经销员要具备相应的专业知识、营销知识、社会知识、管理知识、经营理念、职业素养、合理展示自我的能力以及合理把握时机等素质和能力。只有具备了兽药经销员所应具备的素质和能力,才能比较专业的从事兽药经销工作,才能为提高兽药销售业绩提供良好的保障。

一、兽药经销员的基本素质

兽药经销员的基本素质主要包括职业道德素质、心理素质、身体素质、文化素质、社会交际素质(营销礼仪)5个方面。

(一)职业道德素质

职业道德素质是指兽药经销员在兽药经销活动中应该遵循的行为准则,它包括职业观念和态度、职业纪律和作风等方面的行为标准和要求。

1. 职业观念和态度

兽药经销员要想在兽药行业中有所成就,就必须有端正的职业观念和积极的态度。第一,要热爱兽药行业,要有成功的欲望。如果对这个行业不感兴趣,只是迫于生计或压力从事这项工作,那就失去了创业的激情,失去了动力,这样是做不好兽药营销工作。第二,要忠于自己的职业,要有长远、吃苦的打算,要有坚韧不拔的意志。三天打渔两天晒网、遇到困难犹豫不决的态度是做不好兽药营销的。第三,要充分认识到兽药营销工作中可能遇到的困难,并要有应对措施。人们常说"做最充分的准备和最坏的打算","谋事在人、成事在天",就是这个道理。第四,不能只看结果不看过程。否则将不能够从过程中进行学习和总结,这是一种不好的职业态度。

2. 职业纪律和作风

第一,要勤奋工作。优秀的兽药经销员总是善于制定详细、周密的工作计划,并且能在随后的工作中不折不扣地予以执行。其实,销售工作并不存在什么特别神奇的地方,有的只是严密地组织和勤奋地工作。一位成功的总裁说过:"我们优秀的销售人员从不散漫和拖拉,如果他们说将在2天后与客户会面,那么你可以相信,2天后他们肯定会在客户那边的。"兽药经销员最需要的优秀品格之一是"努力工作",而不依靠"运气"(虽然运气有时也很重要);或者说,优秀的兽药经销员有时候之所以能碰到好运气是因为他们总是早出晚归,他们有时会为一项计划工作到深夜,或者在别人下班的时候还在与客户洽谈。

第二,品质优良。要做好生意,先要做好人,只有人品端正,别人才能尊重你,把你当朋友,信任你,从而才能成为生意上的伙伴,品德高尚加上有才华才能称为真正的人才。不守信、不诚实、过度重视金钱等,都是导致销售失败的原因。只有具有优良的品质才可能建立起良好的人际关系,才能够不断地成长并实现成功。在商业领域中,信用永远第一。对公司要诚信,对客户也要诚信,只有这样才能够建立一个稳定的销售网络和固定的客户关系。

(二)心理素质

兽药经销工作充满酸甜苦辣,挫折是兽药经销员的家常便饭,所以兽药经销员必须具备良好的心理素质:胜不骄,败不馁。据统计,一个经销员所产生的问题当中有80%是来自于自身心理状态。所以,要成为优秀的兽药经销员,最重要的就是要具备良好的心理素质。

1. 积极主动

第一,要积极。成败往往在一念之间。当你认为自己是一个最棒的兽药经销员时,你的精神状态也一定是健康乐观的,你的言行举止也必然是积极向上的。一个积极的兽药经销员不会从"不可能"或"办不到"的角度看问题,而是从失败中看到成功的希望,在困境中看到光明的前途。当碰到客户拒绝时,持积极心态的兽药经销员总是会说:"没有关系,他今天拒绝我,不等于明天拒绝我,我一定要想办法说服他!"

第二,要主动。主动就是"没有人告诉你而你正做着恰当的事情"。在竞争异常激烈的兽药市场,主动就可以占据优势地位,主动也是为了给自己增加锻炼的机会,增加实现自己价值的机会,而被动就会被市场淘汰。机会总是青睐那些有准备的人,主动积极的人往往比别人发现更多的机会,因而他成功的几率就要比别人高。平庸的人只会静静的等待机遇降临,而智慧的人则主动去寻找机遇和创造机遇。

2. 包容自信

作为兽药经销员,你会接触到各种各样的经销商,也会接触到各种各样的养殖企业(户)。这个经销商有这样的爱好,那个养殖企业(户)有那样的需求。而我们的目标是"为客户提供服务、满足客户需求",这就要求兽药经销员学会包容。包容客户的不同喜好和挑剔,这样才能在挫折与困难中披荆斩棘、游刃有余。

自信是一切行动的源动力,没有了自信就没有了行动。兽药经销员始终要对自己的能力有信心,要对自己销售的兽药产品有信心。一个不自信的人是没有朝气的,一个没有朝气的人是很难让对方接受和信任的。因为对方无法从你身上看到他想得到的效果,会对你及你的兽药产品产生怀疑:兽药企业有个产品想给你做,但会担心你做得好不好?养殖企业(户)想要买你的兽药,但会担心是否有效?当然我们不能盲目自信,首先应该有这个能力,或者兽药品质有保障,否则就成了"大忽悠",这比不自信的后果更严重,因为这涉及诚信问题。

另外,脾气暴躁、情绪不稳定、忧郁、自闭等,绝对不是一个兽药经销员所应有的个性,因为这样很容易与客户发生争执。意志力薄弱、个性孤僻、健忘、过于严肃、缺乏幽默感等,也是兽药经销员成功的障碍。

3. 学习行动

现代知识更新很快,如果没有学习的心态,就会很快落后,无法与别人竞争。所以具备学习的心态非常重要,学习不仅仅是学习书本知识,一切对自己有益的东西都要学,包括学习良好的心理素质。可以向朋友学习,也可以向竞争对手学习,学习不但是一种心态,更应该是我们的一种生活方式。

优秀的兽药经销员应懂得随时积累自身的知识储备,要多看报纸,最好什么都会一点。因为兽药经销员要有多方面的知识,因此要多看写财经类的文字,要多了解历史、政治、金融等方面的内容,这样才能有良好的社会基础。除了学习,行动的心态也很重要。行动是最有说服力的。千百句雄辩胜不过真实的行动。如果一切计划、一切目标、一切愿景都是停留在纸上,不去付诸行动,所有的愿望都是肥皂泡沫。

(三) 身体素质

在基层从事兽药营销工作,免不了外出和旅差,免不了忍饥挨饿和风吹雨打,所以必须具有良好的身体素质。身体是革命的本钱,知识再渊博,还是要身体力行。这就要求兽药经销员应该经常锻炼身体,保持强健的体魄和旺盛的精力。现代市场销售工作流动性大,活动范围广,连续作业时间较长,如果没有良好的体质,根本就无法胜任这项具有挑战性的工作。

当然,塑造良好的个人形象也非常重要。

(四) 文化素质

文化素质指人们在文化方面所具有的较为稳定的、内在的基本品质,表明人们在这些知识及与之相适应的能力行为、情感等综合发展的质量、水平和个性特点。文化素质不只是学校教给你的科学技术方面的知识,更多的是指你所接受的人文社科类的知识,包括文学艺术、人文地理、社会历史、法律法规、政治经济等各方面的知识。这些知识通过你的语言或文字的表达体现出来、通过你的举手投足反映出来的综合气质或整体素质。所以有知识的人不一定有文化,不一定有思想,因为科学技术方面的知识也有很大的局限性,尤其是现在学校教育传授的技术方面的知识具有局限性和片面性。

1. 知识水平

作为一名兽药经销员,首先应具备基本的文化知识。对于文化水平无所谓是高中生还是大学生,这没有明确的范围和界定,但是以能胜任自己的工作为基本要求,不能因为知识缺乏而无法理解工作中的事物,如果这样就要加强学习了。另外应该具备较强的文字表达能力和口头表达能力,以便于交流和合同文书的起草与签署。另外还应具备基本的营销学知识。

2. 法律法规

兽药经销员的行为主要是经济行为,以及由此衍生的社会行为。在法制社会,我们的一切市场经济活动都需要在法律规定范围内进行,要自觉抵制社会中的不良行为和违法违规行为,不能为了销售业绩而做出违法犯罪的事情来。一些人不懂法,在不知不觉的情况下被别人引上了违法犯罪的道路,对这种情况一定要加强法律法规的学习,多关注主流媒体对于法治的讲解与宣传知识,从而提高自己。还有一些人明知故犯,比如为了得到销售订单,进行各种各样的行贿活动,比如直接送财物、请人违法消费等行为,这将会受到法律的惩罚。

另外,兽药经销员的一个主要工作就是签单,具体的讲就是供销双方之间签订经济合同,这是销售经济活动中的重要组成部分。如果一个兽药经销员不具备相应的法律知识,那么签订的经济合同就可能不能履行,或出现合同欺诈等行为。因此应该提高自己的法律知识，以免引起不必要的纠纷。

3. 人文知识

兽药经销员要销售自己的产品就必须要对方接受自己。怎样让对方才能接受自己呢？一些兽药经销员就是三番五次的上门拜访，期望用"诚意"来打动对方。结果很多人屡败屡战，以为机会就在下一次。其实这是不明智的办法，要得到对方的认可，你就要去了解对方，了解这个地区的风俗习惯、禁忌、地理环境，甚至要掌握该地方的方言，这样的话，你的成功的机会就大了很多。这些都是人文知识的一部分。有句老话说"和群众打成一片"。只有你融进去了，别人才会相信你，要做到这一点，你就要花心思去琢磨、去学习了。这个没有现成的公式，有的人悟性高进步就快，成绩就大。

（五）社会交际素质

在当今的关系型营销环境中，优秀的兽药经销员必须具备良好的社会交际能力。成为解决养殖企业（户）问题的能手和与养殖企业（户）发展关系的行家，力求敏锐地把握养殖企业（户）的真实需求。今天，养殖企业（户）更希望兽药经销员成为其"业务伙伴"，所以优秀的兽药经销员应该真正去关心养殖企业（户）的利益，关心养殖企业（户）的业务发展方向，关心怎样才能帮上养殖企业（户）的忙。

和谐的人际关系对于兽药经销员来说是非常重要的。如嫉妒心过强、人缘不好等，都会带给兽药经销员严重的消极影响。优秀的兽药经销员通常要很有耐心，细致周到，反应迅速，善于倾听，十分真诚；他们能站在顾客的立场上，用客户的眼光来看问题。在兽药营销工作中，掌握必备的营销礼仪就具备了一种良好的社会交际素质。

1. 着装仪表

整洁大方规范的着装和赏心悦目的仪容仪表是社会交际最基本的礼仪。男性和女性的形象设计、衣着规范和仪表规范都有着差异，兽药经销员应该参照相关标准进行规范。甚至兽药经销员的行为姿势、笑容手势都有着基本的礼仪要求。比如要微笑不要嬉笑,不要手随便乱指客户,拍桌打腿,抓耳挠腮等动作都是不符合礼仪规范的。

2. 见面礼

见面礼包括握手和寒暄。握手根据不同的对象握手方式不一样,男女有别。有的女性不喜欢与他人握手,这也需要注意。无论男女,如果对方不便握手,不要强行握手,可以采取其他方式。另外握手手要干净,要力度适中,晚松手一秒。

见面寒暄是交往最重要的内容,也首当其冲。寒暄是会客的开场白,是交谈的序幕,要使寒暄与交谈达到预期效果,就必须遵循一定的礼节。寒暄有很多种类型,比较常见的大致有以下几种:表现礼貌的问候语,如"你好";表现思念的问候语,如"好久不见,近来怎样";表示关心的问候语,如"在这里还习惯吗";通用型开场白,如"今天天气真好";触景生情型,如在路上"干什么呢,上班吗";夸赞型,如"看起来最近气色不错";仰慕型,如"久仰大名"。

3. 交谈

兽药经销员在交谈中,除了使用文明语言、保持谦和的态度、吐字清晰、语速音量适中外,在谈话方式上有一些细节问题需要认真推敲。什么话当讲,什么话不当讲,都需注意。比如,在交谈中应该注意避免以下情况:

避免交谈中闭嘴。也就是对方滔滔不绝,自己一言不发,这会使交谈变的冷场。或者本来双方交谈甚欢,一方突然打住,也是不礼貌的。

避免在交谈中插嘴。如果真想表达自己的意见,也要等对方把话说完,万一需要补充意见,也要征得对方同意。

避免在交谈中杂嘴。也就是避免使用不规范、不标准的语言,比如普通话与方言串用。

交谈中避免脏嘴。就是避免说话不文明,满口脏、乱、差的语言。

交谈中避免油嘴。就是避免说话油嘴滑舌,毫无止境的胡乱幽默,会招致对方反感和不信任。

避免交谈中耍贫嘴,乱开玩笑。如果不分对象,男女老幼的调侃、挖苦、取笑对方,将会让人讨厌,被人瞧不起。

避免交谈中犟嘴,强词夺理。没理争三分,得理不饶人,这种人是不受欢迎的。

避免在交谈中刀子嘴。说话尖酸刻薄、随意恶意中伤别人。

避免交谈中说闲话、搬弄是非。无中生有,无限张扬的人会被人鄙视。

如果与欧美人士交往,交谈中注意如欣赏物品,莫问价值;情同手足,莫问工资;敬老尊贤,莫问年龄;与人为友,莫问婚姻;与人约会,莫问住处;关心他人,莫问身体;问候致意,莫问吃饭。

二、兽药经销员的专业素质

现代市场流通首先是一种"知识"的流通。身为一名兽药经销员,对于有关销售的专业知识,都应该积极涉猎;养殖企业(户)在实践中已经具备了相当的经验和实践技能,当客户面对一个专业素质不高、兽药知识不扎实的销售员时,三言两语就可将他打发掉,销售自然也就失败了。所以,作为一名兽药经销员应该具备以下专业素质。

(一)产品知识

首先推销知识,然后推销产品,这是现代市场销售工作的一个主要特征。兽药经销员必须把产品的各种知识介绍给用户,让养殖企业(户)了解兽药企业的意图。掌握产品知识,是为了更好地向用户介绍产品,从而增强自己的推销信心和养殖企业(户)的购买信心。比如应该掌握产品的兽药企业的相关情况,兽药的使用方法、毒副作用、治疗效果、在同类产品中的优劣势等,这些都要客观如实的向客户解释清楚,不能夸大其词、蒙骗养殖户,只有这样,才能取得养殖企业(户)的信任和建立起长久的客户关系。

(二) 市场信息

市场信息主要包括消费信息、供求信息、商品反馈信息、同行信息等。俗话说商场如战场,这句话中还包含着一层意思,就是市场信息瞬息万变,如果不及时掌握市场信息和供求变化,就有可能"贻误战机",从而失去宝贵的销售机会,处于被动之中。

(三) 营销知识

营销简单的说就是把自己的东西卖给客户,但是这件事情却不是那么简单。兽药经销员必须要掌握相关的营销知识才能在激烈的竞争中取胜,比如应该熟悉市场营销的过程;了解市场营销的职能;掌握营销的公关知识;了解养殖户的心理等。

(四) 娴熟的专业技术

专业技术上的缺陷,会导致营销的失败。兽药产品有着很强的针对性,兽药经销员在销售药物的同时往往也肩负着兽医的职责,只有能够进行准确诊断才能对症下药,才能解决养殖企业(户)的难题,这样才不会从销售战场上败下阵来。

第二章 兽药经销员须具备的基础知识

一、兽药基本知识

兽药是指用于预防、治疗、诊断动物疾病或者有目的地调节动物生理机能的物质(含药物饲料添加剂),主要包括血清制品、疫苗、诊断制品、微生态制品、中药材、中成药、化学药品、抗生素、生化药品、放射性药品及外用杀虫剂、消毒剂等。

(一)兽用化学原料药及其制剂

1. 磺胺药与抗菌增效剂

磺胺类药物主要用于治疗各种革兰氏阳性菌、阴性菌以及某些放线菌、螺旋体引起的感染性疾病,对某些原虫及病毒性疾病磺胺也有效。抗菌增效剂(如甲氧苄胺嘧啶)可使磺胺类药物抗菌作用增强。该类药物化学性质稳定,使用方便,易于保存,抗菌范围广(主要抑制细菌的繁殖),所以是兽医临床上常用的一类抗微生物药。

2. 抗生素

抗生素是某些微生物(主要是一些真菌、放线菌或细菌)在生命活动过程中产生的,能在低浓度下选择性的杀死他种生物或抑制其机能的化学物质。主要用微生物发酵法生物合成,也可将生物合成的抗生素结构改变(半合成)或化学合成。按其化学结构可分为6类:一是 β-内酰胺类,包括青霉素类、头孢菌素类;二是氨基糖苷类,如链霉素等;三是大环内酯类,如红霉素、螺旋霉素等;四是四环素类,如土霉素、四环素等;五是多肽类,如多黏菌素、杆菌肽等;六是其他类,如制霉菌素等。

3. 喹诺酮类

该类药物由于其抗菌谱广,抗菌活性强,成本低廉而受到广泛重视,也是世界范围内开发的热点。目前,一些兽医专用的喹诺酮类已开发成功,投入生产。常用的喹诺酮类如:吡哌酸、氟哌酸、氧氟沙星、环丙沙星、恩诺沙星等。

4. 其他合成化学治疗药

其他合成抗真菌药如制霉菌素、克霉唑等,抗病毒药如吗啉胍、金刚烷胺等。

5. 抗寄生虫药

是指能杀灭或驱除畜禽体内外寄生虫的药物。根据其作用特点,又分为抗蠕虫药、抗原虫药和杀虫药三大类。

6. 作用于神经系统的药物

该类药物有中枢神经兴奋药、镇静催眠药、安定药、抗惊厥药、镇痛药、解热镇痛及抗风湿药、全身麻醉药、局部麻醉药、骨骼肌松弛药、拟胆碱药、抗胆碱药、拟肾上腺素药、抗肾上腺素药。

7. 作用于内脏系统的药物

该类药物包括消化系统用药、呼吸系统用药、心脏与血液循环系统用药、泌尿与生殖系统用药等。

8. 影响组织代谢药物

该类药物包括激素类(主要是糖皮质激素如氢化可的松、地塞米松等)、影响组织代谢的酶类及促生长酶制剂等。

9. 解毒药

该类药包括有机磷中毒的解毒药、重金属及类金属中毒的解毒药、氰化物中毒的解毒药、亚硝酸盐中毒的解毒药、有机氟中毒的解毒药等。

10. 消毒防腐药

该类药物包括酚类、酸碱类、卤素类、氧化剂、表面活性剂、重金属盐、醇类、挥发性烷化剂、染料类等。

11. 其他类

包括抗过敏药、灭鼠药、灭钉螺药、诊断用药等。

（二）兽用中药及中成药

目前，由于中药对许多疾病可以预防和治疗，而且疗效好，残留少，副作用小，得以在兽医临床上广泛应用，多以中成药的形式应用。应用的剂型有：汤剂、散剂、丸剂、颗粒剂、片剂、注射剂等各种剂型。

（三）兽用生物制品

1. 疫苗

由病原微生物、寄生虫及其组分或代谢产物所制成的，接种机体后能产生自动免疫，预防疫病的一类生物制剂均称为疫苗。包括由细菌、支原体和螺旋体制成的菌苗；由病毒和立克次氏体制成的疫苗；由寄生虫制备的虫苗。根据我国农业部文件规定，这三类自动免疫用生物制剂统称为疫苗。

（1）灭活疫苗 又称死苗，是将含有细菌或病毒的材料利用物理的（热、射线等）或化学的（甲醛、乙醇、β-丙内酯等）方法进行处理，使其丧失感染性或毒性而保留其免疫原性，接种机体后能产生自动免疫、预防疫病的一类疫苗。用于制备灭活疫苗的菌（毒）种应是标准强毒或具有免疫原性优点的弱毒株。灭活苗常配以各种免疫佐剂，以提高其免疫效果。常用的佐剂有氢氧化铝胶佐剂、白油佐剂、蜂胶佐剂、弗氏佐剂等。

灭活疫苗又可分为培养物灭活苗和组织灭活苗。前者是用标准强毒或免疫原性良好的弱毒株作为菌（毒）种经人工培养后，应用其培养物所制备的灭活苗（如鸡新城疫灭活油乳苗、猪丹毒氢氧化铝疫苗等）；后者则是利用病死动物或患病动物的含病原微生物的脏器组织（肝、脾、肾、淋巴结、法氏囊等）所制备的灭活苗（如鸡传染性法氏囊囊源组织灭活苗、免疫组织灭活苗等）。

灭活疫苗具有很多优点，一是安全，不存在散毒和造成新疫源的危险；二是不可能返祖返强；三是易于保存、运输，不需要低温保存及特殊的运输条件；四是疫苗性状稳定，便于制备多价苗或多联苗；五是对母源抗体的干扰作用不敏感。当然也有其缺点，一是由于灭活苗不能在机体内增殖和复制,所以产生免疫力较慢,一般在接种2~3周后才能获得良好的免疫力,故不适宜用于紧急性免疫接种;二是免疫途径受限制,一般必须注射才能进行免疫;三是不加佐剂的灭活苗,其免疫效果较差,免疫持续期也短,故常需要配以佐剂来增强其免疫效果;四是用量大,价格贵。

(2)活疫苗 又称弱毒疫苗,是利用人工诱变获得的弱毒株或筛选出的自然弱毒株作为菌(毒)种所制备的一类疫苗。此类弱毒株对原宿主动物丧失致病力或只引起轻微的亚临床感染,但仍保持良好的免疫原性和遗传特性,故在接种后的一定时间内,疫苗毒可在机体内进行生长繁殖,以产生更多的保护性抗原,激起全面的免疫应答反应。

与灭活疫苗相比,活疫苗有以下优点:一是产生免疫力快,一般接种后3~7天即可产生良好的免疫力;二是可采用多种免疫途径接种,如饮水、注射、滴鼻、点眼、气雾免疫、刺种等途径;三是免疫持续期比不加佐剂的灭活苗长;四是生产成本低,价格低廉。

活疫苗的缺点有:一是疫苗毒株具有返祖返强的潜在危险;二是残余毒力问题:一般来说,弱毒苗残余毒力较强者保护力也强,但副作用也比较明显;三是要求在低温、冷暗条件下储存、运输;四是存在母源抗体及不同抗原间的相互干扰现象,从而影响免疫效果。

(3)单价疫苗 利用同一种微生物菌(毒)株或同一种微生物中的单一血清型菌(毒)株的培养物而制备的疫苗称为单价苗。单价苗对由单一血清型病原微生物所致的疫病有免疫保护效能,但在由多种血清型病原微生物所致的疾病中,仅对相应型有保护作用。因此,不能使免疫动物获得安全有效的免疫保护。如猪肺疫氢氧化铝灭活苗是由B型巴氏杆菌所制成,其对由A型巴氏杆菌所致的猪肺疫即无免疫保护作用。

(4)多价疫苗 指用同一种微生物中不同血清型菌(毒)株的培养物所制备的疫苗。多价苗能使免疫动物获得完全的保护力,且可在不同的地区使用。如口蹄疫 A 型、O 型弱毒疫苗。

(5)多联疫苗　指利用不同种微生物的增殖培养物或其代谢产物,按免疫学原理和方法组合而成的疫苗,是"一针防多病"的生物制剂。根据组合的免疫原种类的多少,多联疫苗又有二联苗、三联苗、四联苗等之分,如鸡新城疫、传染性支气管炎、减蛋综合征三联灭活油乳苗,犬五联苗(犬瘟热、狂犬病、副流感、细小病毒病、传染性肝炎)等均为多联制剂。

应用多联苗,可以简化接种程序,减少人力、物力消耗,减少被免疫动物应激反应的次数。在制备多联疫苗时,应遵循的原则是:不加重疫苗接种的副作用;不发生免疫原之间的相互干扰;可提高各个制剂的免疫效果或者对其中的一种有增效作用。

(6)同源疫苗　指用所要预防的病原微生物本身或其弱毒株或无毒变种所制成的疫苗。如猪瘟兔化弱毒疫苗可用于各种品种的猪以预防猪瘟。

(7)异源疫苗　指利用具有类属保护性抗原的非同种微生物所制的疫苗。它包含:一是用不同种微生物的菌(毒)株制备的疫苗,接种动物后能使其获得对疫苗中不含有的病原体产生抵抗力。如火鸡疱疹病毒疫苗用于预防鸡马立克氏病,麻疹疫苗可用于犬瘟热的预防等;二是用同一种中一种型(生物型或动物源)的微生物所制备的疫苗,接种动物后能使其获得对异型病原微生物的抵抗力。如接种猪型布氏杆菌弱毒疫苗后,能使牛获得对牛型和使羊获得对羊型布氏杆菌的免疫力。

(8)亚单位疫苗　将微生物经物理的和化学的方法进行处理,除去其无效的毒性物质,提取其有效的抗原成分而制备的疫苗,称亚单位疫苗。微生物的免疫原性结构成分包含细菌的荚膜、鞭毛和病毒的衣壳蛋白、囊膜、膜粒等。亚单位分子量小,故免疫原性较差,且制造技术较为复杂,因此,使亚单位疫苗的推广应用受到很大程度的影响。

(9)基因工程疫苗　利用基因工程技术所制备的疫苗统称为

基因工程苗。包括基因工程减毒活疫苗,基因工程亚单位疫苗,基因工程活载体疫苗,基因缺失疫苗等。当今问世的基因工程苗有大肠杆菌二价基因工程苗、口蹄疫基因工程苗等。

(10) 合成肽疫苗 按照病原微生物保护性抗原决定簇的氨基酸序列,人工合成含有保护性抗原决定簇的短肽并连接于载体蛋白上所制成的疫苗称为合成肽疫苗。合成肽疫苗同亚单位疫苗特性相似,无遗传性、但有免疫原性,接种机体后能产生免疫力。不过,合成肽疫苗免疫原性较差,且成本高昂,故至今尚不能推广应用。

2. 类毒素

又称脱毒毒素,是由细菌在生长繁殖过程中所产生的外毒素,用适当的浓度(0.3%~0.4%)的甲醛溶液进行处理后,使其成为无毒性而保留其免疫原性的生物制剂。细菌外毒素为蛋白质,兼有毒性及抗原性,能刺激机体产生特异性的抗毒素。外毒素经甲醛处理后失去毒性成为类毒素,类毒素比外毒素更稳定。类毒素经过盐析并加入适量的磷酸铝或氢氧化铝胶等,成为吸附精制类毒素,注入机体后吸收较慢,可持久地刺激机体产生高效价抗体以增强免疫效果。如精制破伤风类毒素。

3. 免疫血清

又称高免血清,为含有高效价特异性抗体的血清制剂。即动物经疫苗、类毒素等反复多次地免疫后,机体的体液中,尤其是血清中就产生大量抗此种抗原的抗体,采取此种动物的血液分离的血清,即为高免血清或抗毒素血清,用于治疗或紧急预防接种。

高免血清、抗毒素血清和高免卵黄液注入机体后,可以立即发挥抗病作用,即使机体立即产生免疫力,故称为人工被动免疫生物制剂。但此种免疫持续期短,因而在注射免疫血清之后3~4周,应再接种相应疫苗,以保证免疫效果。

4. 其他宿主生物制品

除上述几类生物制品外,非特异性免疫活性因子,如转移因子、干扰素、白介素、胸腺肽等。

(四)兽药的剂型

兽药的剂型按其形态可分为液体剂型、固体剂型、半固体剂型、气体剂型四大类。

1. 液体剂型

该剂型以液体为分散介质,常见的有以下几种。

溶液剂:为"不挥发性"药物溶解于水、醇或油中制成的供内服或外用的澄明溶液,如高锰酸钾溶液等。混悬液为水溶性较小的药物以微粒形式分散在溶媒中形成的液体制剂。乳剂由两种互不相溶的液体在第三种物质(乳化剂)的作用下,一种液体以小液滴的形式分散在另一种液体中形成的一种剂型,可供内服或外用。

注射剂:俗称针剂,是指灌装于特定容器中的灭菌溶液、混悬液、乳浊液或粉末(粉针剂),用注射方法给药的一种剂型。水浸出制剂是指中药材加水浸泡或煎煮提取,去渣取液而制得的液体剂型。

芳香水剂:是指用不同浓度的乙醇提取药材,去渣取液,或用乙醇溶解化学药物而制得的液体剂型。

醑剂:是指挥发性药物的乙醇溶液,可供内服或外用。

流浸膏剂:是指将药材浸出液浓缩除去部分溶媒而制得的液体剂型,除另有规定外,一般流浸膏每毫升相当于原药材克,多供内服用。搽剂是由刺激性药物制成的油性或醇性液体剂型,多供外用、涂搽于完整的皮肤表面。

滴眼剂:是用于眼部的外用剂型,除水溶液外还有少数混悬液应用,其质量要求与注射剂相同。

2. 半固体剂型

软膏剂是药物与适宜的基质混合均匀而制成的供外用的一种半固体剂型。供眼用的灭菌软膏称为眼膏。浸膏剂是药材的浸出液经浓缩除去溶媒而制成的膏状或干粉状的半固体或固体剂型。除另有规定外,浸膏剂每克相当于原药材克。浸膏剂多作为制备其他制剂的原料,也可直接当原药材应用。糊剂是指粉末状药物与油脂性成分(如凡士林、羊毛脂、液体石蜡、植物油等)或水溶性成分(如明胶、淀粉、甘油等)混合制成的一种半固体剂型,如氧化锌糊。

3. 固体剂型

散剂:是多种药物经粉碎、过筛、均匀混合而制成的一种固体剂型。可供内服或外用,在兽医临床上应用广泛。合剂和其他辅料制成的一种丸剂是由主药加适宜的球状固体剂型,供内服用。

片剂:是一种或多种药物与赋形剂混合后,经压制而制成的片状分剂量剂型。主要供内服用。此外还有肠溶片、植入片、注射用片等。

胶囊剂:是将药物盛装于空胶囊中而制成的一种固体剂型。空胶囊大多用明胶制成。

颗粒剂:是由药物与赋形剂混合加合剂或润湿剂而制成的颗粒状的固体剂型。

微囊剂:是利用天然的或合成的高分子材料(囊材)将固体或液体药物(囊心物)包裹而成的微型胶囊。可用微囊制成散剂、片剂、胶囊剂、注射剂、软膏剂等,以延长药效,提高稳定性或掩盖不良气味等。

栓剂:是药物与基质混合制成专供塞入动物腔道的一种固体剂型,可起局部作用或全身作用,有阴道栓和肛门栓两种。

4. 气体剂型以气体为分散介质

气雾剂是将药物和抛射剂(液化气体或压缩气体)共同装封于具有阀门系统的耐压容器中,使用时掀按阀门系统,借抛射剂的压力将药物喷出的一种剂型。可供吸入给药,皮肤、膜给药或空间消毒用。喷雾剂是借助于机械(喷雾器或雾化器)将药物喷出的一种剂型。可用于消毒。

(五)兽药剂量、计量单位及保存

1. 剂量

机体发生一定反应的药量称为剂量。最小有效量指药物达到开始出现药效时的剂量。极量指安全用药的极限剂量。治疗量指最小有效量与极量之间的距离宽度。最小中毒量指药物已超过极量,使机体开始出现中毒的剂量。中毒量大于最小中毒量,使机体中毒的量。致死量为引起动物死亡的剂量。

2. 计量单位

固体、半固体剂型药物剂量的表示方法常用克(g)或毫克(mg)表示。液体型药物常用单位毫升(ml)表示,1 升=1 000 毫升。维生素、某些抗生素、激素常用单位(U)、国际单位(IU)表示。

3. 药品保存

兽药存放不当,如久放、高温、混放、受潮等原因都有可能造成兽药药效降低或失效,甚至对畜禽造成致命的伤害。因此,储存兽药须九防。

一防潮湿。各种兽药受潮后,都会发霉、黏结、变色、松散、变形、发出异味甚至生虫,完全失去使用价值。有些兽药极易吸收空气中的水分,而且吸收水分后便开始缓慢分解成水杨酸或醋酸,产生浓烈的酸味,对畜禽胃的刺激性大大增强。另外,空气中的氧气能使药物氧化变质。因此,饲养户存放兽药,无论是内服药还是外用药,一定注意防潮。装药的容器应当密闭,如是瓶装必须盖紧盖子,必要时用蜡封口。

二防光照。兽药大多是化学制剂,日光中的紫外线对兽药常起着催化作用,能加速兽药的氧化、分解等,使兽药加速变质。例如维生素、抗生素类药物,遇光后都会使颜色加深,药效降低,甚至变成有害、有毒物质;肾上腺素、硝酸类药物也都是怕阳光的,所以要用棕色、蓝色的磨砂瓶盛装。对这些易受光线影响而变质的兽药,饲养户可采取以下方法保管:遇光易发生变化的兽药,要用棕色瓶或用黑色纸包裹的玻璃器包装,以防止紫外线透入;需要避光保存的兽药,应储存在阴凉干燥、光线不易直射到的地方;见光容易氧化、分解的兽药,如肾上腺素,必须保存于密闭的避光容器中。特别注意,买兽药时配来的药瓶是棕色或蓝色的,应以原瓶保存。

三防高低温。温度过高或过低都能使某些兽药变质。因此，药品在储存时，要根据其不同性质选择适宜的温度。例如，青霉素加水溶解后，在25℃放置24小时，即大部分失效；疫苗保存在温度过高或过低的地方都会降低药效。易受温度影响而变质的兽药，保管方法如下："室温"指1~30℃，"阴凉处"或"凉暗处"是指不超过20℃，冷处是指2~10℃，一般兽药储存于室温即可，受热易挥发、分解和易变质的兽药，需在3~10℃温度下冷藏保存。

四防超过保质期。大多数兽药因其性质或效价不稳定，尽管储存条件适宜，时间过久也会逐渐变质、失效。为此，储存兽药应分期、分批储存，并设立专门卡片，注意近期先用，以防其过期失效。如发现储存的兽药超过保质期，应及时处理和更换，避免使用超过保质期的兽药。

五防混放。将兽药混放、乱放，容易导致用错药，发生药害甚至造成畜禽死亡。存放兽药应做到：内用药与外用药分别储存；无关药品，特别是消毒、杀虫、驱虫药物、农药、鼠药等危险药物，不应与普通兽药混放，以免误用引起中毒；不用空兽药瓶装农药、鼠药；购进的瓶、袋、盒等原装兽药，最好保留原标签，尽量用原包装物包装。外用药品，最好用红色标签或红笔书写，以便区分，避免内服。名称容易混淆的药品，要注意分别存放，以免发生差错。

六防不定期清理。应经常对储存的兽药进行清理，做到每2~3个月清理一次，及时淘汰过期、霉变、劣质假冒、包装破损，以及标签不全的兽药，补充须经常使用的新药。

七防乱扔过期兽药。过期的兽药随地乱扔，这样做危害很大。万一这些过期的兽药被畜禽吃掉，就可能产生药害或抗药性；被不懂事的儿童和精神有异常的病人误服后，会严重影响他们的健康；而且，将过期的兽药随地乱扔，不但污染环境，而且一些特殊的药品如青霉素，气味散发到空气中，可能造成过敏意外，甚至引起死亡，还有些粉针剂药品会造成人体皮肤溃烂。因此，对没有使用价值的兽药应彻底销毁。

八防乱用瓶塞。不同性质的药品,应选用不同的瓶塞,否则,有可能导致瓶塞溶化。如盛氯仿、松节油等药品的瓶塞应选用磨砂玻璃塞,盛放氢氧化钠的应选用橡皮塞。

九防鼠咬和虫蛀。对采用纸盒、纸袋、塑料袋等包装的兽药,储存时要放在其他密闭的容器中,以防止鼠咬及虫蛀。

(六)兽药给药方法

1. 经口投药法

是将药液或药片直接灌(放)入口腔的给药方法。经口投药操作简便,剂量准确,但药物吸收较慢,受消化液的影响,生物利用度低,药效出现迟缓,且花费人工较多。

2. 胃管投药法

胃管投药需要准备专用的胃管,管径大小,因动物选定。灌药时,用特制开口器,打开口腔,将胃管经开口器中央孔插入食管,直至胃内,胃管的游离端连接盛药漏斗,抬高,待药液流尽后,抽出胃管。家禽胃管投药时,可将连接注射器的胶管直接经口插入食道、嗉囊后,注入药液。

3. 注射给药法

包括以下7种。

(1)肌内注射　对有刺激性或吸收缓慢的药剂,如水剂、乳剂、油剂等,以及大多数免疫接种时,都可采用肌内注射。肌内注射操作简便,剂量准确,药效发挥迅速、稳定。肌内注射时,水溶液吸收最快,油剂或混悬剂吸收较慢。刺激性太强的药物不宜肌内注射。肌内注射的部位,牛、马在颈侧或臀部,猪、羊在耳根后或臀部,犬在颈侧,禽在胸部肌肉丰满处。

(2)皮下注射　刺激性小的注射液、疫(菌)苗、血清等,都可采取皮下注射。皮下注射时,药物吸收较慢,如药液量较多,可多点进行。皮下注射的部位,牛、羊、犬在颈侧,猪在耳根后或股内侧,禽在翼下。

(3)静脉注射　是将药液直接注入静脉的给药方法。静脉注射给药时,药物直接进入血液循环,奏效迅速,适用于危重病例急救、输液或某些刺激性强的药物。静脉注射的部位,猪、兔在耳静脉,牛、羊、马在颈静脉,犬在股静脉,禽在翼下静脉(鸭肱静脉)。

(4)腹腔注射 腹腔容积大,浆膜吸收能力强,当猪静脉输液困难时,可以采取腹腔注射输液。腹腔注射部位,在腹壁后下部。

(5)气管注射 治疗中、小动物气管或肺部疾病时,可采用气管注射。仰卧或侧卧(病侧向下)保定,前部略微抬高,气管部皮肤常规消毒。注射时,右手持连接针头的注射器,将针头在两气管轮之间刺入,缓缓推入药液,拔出针头后再次消毒。

(6)乳管注射 治疗母畜乳房疾病时,常采用乳管注射。保定病畜,挤净乳汁,清洗并消毒乳头及乳房。左手握住乳头,右手将乳导管或无尖针头插入乳头管,推进药液。术毕,拔出乳导管,捏住乳头,防止药液流出,同时按摩乳头和乳房,使药液散开。

(7)嗉囊注射 是将药液注射进嗉囊(鸭食道膨大部)的给药方法。操作时左手抓住双翅提起,冠朝前方,右手持注射器,在右侧颈部近翅基处,嗉囊凸出点(采食后)进针,推注药液即可。此法操作简便,剂量准确,特别是需要注射有刺激性的药物时采用。

4. 灌肠给药法

保定动物,将灌肠器胶管插入肛门内,使灌肠器或吊桶内的药液、温水或肥皂液输入直肠或结肠,用于治疗便秘,或在进行直肠检查前用以清除粪便。

5. 鼻、眼滴药法

家禽免疫接种时,可将疫苗(如鸡新城疫Ⅱ系苗)直接滴在鼻腔内或眼结膜上。也常用于鼻炎、结膜炎治疗。

6. 局部涂擦法

将松节油、碘酊、樟脑酊、四三一搽剂等药物,直接涂擦在未破损的皮肤上,以发挥局部消炎、镇痛、消肿作用。

7. 混水给药

是将药物溶于水中,让家禽自由饮用。养鸡场最常采用混水给药。进行混水给药时,首先要了解药物在水中的溶解度。易溶于水的药物,能够迅速达到规定的浓度;难溶于水的药物,若经加温、搅拌、加溶剂后,如能达到规定的浓度,也可混水给药。

8. 混料给药

将药物均匀地混入饲料,供畜禽自由采食,适用于长期投药。混料给药时,药物与饲料必须混合均匀,通常变异系数不得大于5%。常用递加稀释法,先将药物加入少量饲料中,混匀,再与10倍量饲料混合,以此类推,直至与全部饲料混匀。

9. 气雾给药

气雾给药是利用机械或化学方法,将药物雾化成一定分散度的微滴或微粒,通过畜禽呼吸道吸入的给药方法。养禽业应用较多。由于家禽有特殊的肺结构,毛细血管丰富,呼吸膜薄,有效气体交换面积大,气流与血流反向对流交换,气体交换率高。因此,气雾给药不仅能使呼吸系统接触足够浓度的药物,发挥局部作用,而且许多药物能迅速地扩散入血液,发挥吸收作用。气雾给药能保证畜禽均匀地得到规定剂量,适用于大群给药。气雾给药时,应选用对呼吸道无刺激性、易溶于呼吸道分泌物中的药物。应控制微粒(滴)的大小,越小越易吸入呼吸道深部,但又易被呼气气流排出,在肺黏膜的沉积率低;越大则因重力而沉积于上呼吸道黏膜。通常发挥吸收作用以 1~10 微米的直径为宜;若发挥局部作用则可适当增大。

10. 带鸡消毒

集约化养禽业采用"全进全出"的管理方法。例如,肉鸡在鸡舍约两个月,蛋鸡在鸡舍约一年半,就全部淘汰。为防止饲养期感染,应视污染程度,定期进行带鸡消毒。带鸡消毒应选择毒性较低、刺激性小、无腐蚀性、低残留的消毒剂。带鸡消毒时,需有专用的喷雾器,在禽舍消毒的同时,将药液喷洒在禽体上,进行禽体消毒。这样,不仅可以杀灭空气和体表的病原体,还能减少尘埃,清洁禽体,吸附氨气,降温防暑和预防呼吸道感染。

（七）影响药物作用因素，合理联合用药

1. 药物方面的因素

（1）药物的化学结构　药物的化学结构是确定其性质与药理作用的依据。一般来说，结构相似的药物，其作用也相似，如各种磺胺药。但也有些结构相似的药物，其作用相反，如对氨苯甲酸与磺胺，其结构相似而作用相反。也有些药物其结构相似，但光学异构体的作用则不同。

（2）药物的剂量　剂量指用药的分量。剂量的大小可决定药物在血浆中的浓度和作用强度。在一定范围内，剂量大小与药物作用强度成正比。当剂量过小，就不会出现药理作用，称为"效量"。当剂量增加到开始出现效应的药量，称为"最小有效量"，或称"阈剂量"。比最小有效量大，并对机体产生明显效应，但并不引起毒性反应的剂量，称为"有效量"或"治疗量"，即通常所说的"常用量"或"剂量"。超过有效量并能引起毒性反应的剂量称为"中毒量"。能引起毒性反应的最小剂量称为"最小中毒量"。比中毒量大并能引起死亡的剂量称为"致死量"。最小有效量与最小中毒量之间的范围，称为"安全范围"或称"安全度"。这个范围越大，用药越安全，反之则不安全。

（3）药物剂型　同一种药物由于剂型以及制剂生产、工艺过程的变更，能影响药物的吸收与血药浓度，从而影响药效。有时同一药物，即使剂量与剂型都相同，但由于制剂工艺的不同，以及同一工厂的不同批号的产品，其疗效或毒性也有差异。

2. 机体方面的因素

（1）动物种类　不同种类的动物对同一药物的敏感性、体内过程和所表现的不良反应等均不同，如家禽对敌百虫很敏感，而猪则比较能耐受；磺胺药在牛和猪体内的半衰期不同；水合氯醛能使牛的支气管腺大量分泌等。

（2）年龄（体重）　幼畜、老龄家畜对药物的敏感性比成年动物高。这是由于幼畜、老龄家畜体内药酶活性较低，或器官功能和代

偿机能不同所致,用药时,应酌减剂量。

(3)性别 母畜对药物的敏感性一般高于公畜,怀孕母畜对泻药比较敏感,哺乳母畜乳汁中可能因母体用药而含有药物成分,以致影响吮乳仔畜等。

(4)个体差异 在种类、年龄、性别都相似的情况下,绝大多数动物对药物的反应基本相同,但也有个别动物会出现量或质上差异的反应,这与遗传有关。

(5)病理状态 病理状态下,机体的机能发生变化,从而影响药物的作用,如营养不良的动物对某些药物比较敏感;肝、肾功能减退时,药物的作用增强,解热药能使发热动物的体温下降,但对正常动物则无影响。

3. 给药方法方面的因素

(1)给药途径 不同的给药途径,不仅影响药物吸收的进度和数量,与药理作用的快慢和强弱有关,有时甚至产生性质完全不同的作用,如硫酸镁内服有泻下作用,而静脉注射时则呈镇静和抗惊厥作用。通常的给药途径及其对药物作用的影响如下:

内服给药:包括经口投服和混入饲料(饮水)中给予。内服给药方法简便,适合于大多数药物,特别是能发挥药物在胃肠道内的作用,如需要泻下、驱虫时。但胃肠内容物较多、吸收不规则、不完全,或者药物因胃肠道内酸碱度和消化酶等的影响而被破坏,故药效出现较慢。且内服给药,药物在吸收后,必须经过肝脏才能进入血液循环,部分药物在发挥作用之前即已被肝转化而失去活性,使进入体循环的药量减少。

皮下注射:皮下组织血管较少,吸收较慢,刺激性较强的药物不宜作皮下注射。

肌内注射:肌肉组织含丰富的血管,吸收较快而完全。油溶液、混悬浓、乳油液都可作肌内注射,刺激性较强的药物应作深层肌注。

静脉注射或静脉滴注:静脉注射或滴注是将药液直接注射入

静脉血管,故无吸收过程,药效出现最快,适于急救或需要输入大量液体的情况。但一般的油溶液、混悬液、乳油液不可静注,以免发生栓塞,刺激性大的药物不可漏出血管。

肛肠给药:是将药物灌注至直肠深部的给药方法。肛肠给药能发挥局部作用(如治疗便秘)和吸收作用(如补充营养)。药物吸收较慢,但不需经过肝。

吸入给药:是将某些挥发性药物,或药物的气雾剂等,供病畜吸入的给药方法。可发挥局部作用(如治疗呼吸道疾病)和吸收作用(如吸入麻醉),刺激性大的药物不宜作吸入给药。

皮肤、黏膜给药:将药物涂敷于皮肤、黏膜局部,主要发挥局部作用(如治疗外寄生虫病)。刺激性强的药物不宜用于黏膜,脂溶性大的杀虫药可被皮肤吸收,应防止中毒。综上所述,各种给药途径药物吸收的速度依次为静脉注射>肌内注射>皮下注射>直肠给药>内服。

(2)给药次数与间隔时间 除少数药物只需用药一次即可奏效外,多数药物必须重复用药方可达到治疗目的。给药次数决定于病情的需要,一般药物每天用2~3次即可。重复用药一定次数和时间尚不见奏效时,应分析原因,决定是否改变治疗方案或更换药物。给药间隔时间取决于药物消除速度,特别是化学治疗药应参照药物半衰期用药,才能维持血液中药物的有效浓度。某些药物的作用与给药时间有关,如健胃药宜饲喂前给药,有刺激性的药物宜饲喂后给药等。近年来发现药物作用的昼夜规律,因而主张某些药物(如皮质激素)应根据其昼夜规律来确定其剂量和用药时间。

(3)联合用药 又称合并用药或配伍用药。指两种或两种以上的药物联合使用。其目的在于增强疗效或对抗不良反应,以及治疗不同的症状或合并症。联合用药后药效加强称为协同作用,协同作用可以提高药效,但要考虑是否会增加药物的不良反应;联合用药后药效降低称为颉颃作用,颉颃作用除用于减少不良反应或解除某一药物中毒外,应当尽量避免。在联合用药中,两种或两种以上的药物相互混合后,产生了物理、化学反应,使药物在外观或性质上产生变化而不宜使用时,称为配伍禁忌。相互有配伍禁忌的药物,不能混合应用。

(八)兽药配伍禁忌

1. 物理性

物理性配伍禁忌是某些药物配合在一起会发生物理变化,即改变了原先药物的溶解度、外观形状等物理性状,给药物的应用造成了困难。物理性配伍禁忌常见的外观有4种,即分离、沉淀、潮解和液化。

(1)分离　常见于水溶剂与油溶剂两种液体物质配合时出现,是由于两种溶剂比重不同而出现配伍时分层的现象,因此在临床配伍用药时,应该注意药物的溶解特点,避免水溶剂与油剂的配伍。

(2)沉淀　常见于溶剂的改变与溶质的增多,如樟脑酒精溶液和水混合,由于溶剂的改变而使樟脑析出发生沉淀;又如许多物质在超饱和状态下,溶质析出产生沉淀,这种现象既影响药物的剂量又影响药物的应用。

(3)潮解　含结晶水的药物,在相互配伍时由于条件的改变使其中的结晶水被析出,而使固体药物变成半固体或成糊状,如碳酸钠与醋酸铅共同研磨,即发生此种变化。

(4)液化　两种固体物质混合时,由于熔点的降低而使固体药物变成液体状态,如将水合氯醛(溶点57℃)与樟脑(熔点171～176℃)等份共研时,形成了熔点低的热合物(熔点为60℃),即产生此种现象。

2. 化学性

化学性配伍禁忌即某些药物配合在一起会发生化学反应,不但改变了药物的性状,更重要的是使药物减效、失效或毒性增强,甚至引起燃烧或爆炸等。化学性配伍禁忌常见的外观现象有变色、产气、沉淀、水解、燃烧或爆炸等。

（1）变色　主要由于药物间发生化学变化或受光、空气影响而引起，变色可影响药效，甚至完全失效。易引起变色的药物有碱类、亚硝酸盐类和高铁盐类，如碱类药物可使芦荟产生绿色或红色荧光，可使大黄变成深红色，碘及其制剂与淀粉类药物配合则呈蓝色。

（2）产气　指在配制过程中或配制后放出气体，产生的气体可冲开瓶塞使药物喷出，药效会发生改变，甚至发生容器爆炸等，如碳酸氢钠与稀盐酸配伍，就会发生中和反应产生二氧化碳气体。

（3）沉淀　由两种或两种以上药物溶液配伍时，产生一种或多种不溶性溶质，如氯化钙与碳酸氢钠溶液配伍，则形成难溶性碳酸钙而出现沉淀；弱酸强碱与水杨酸钠溶液，磺胺嘧啶钠溶液等与盐酸配伍，则生成难溶于水的水杨酸和磺胺嘧啶而产生沉淀等。

（4）水解　某些药物在水溶液中容易发生水解而失效，如青霉素在水中易水解为青霉二酸，其作用丧失。

（5）燃烧或爆炸　多由强氧化剂与强还原剂配伍所引起，如高锰酸钾与甘油，甘油和硝酸混合或一起研磨时，均易发生不同的燃烧或爆炸。常用的强氧化剂有高锰酸钾、过氧化氢、氯化钾、浓硫酸、浓硝酸等；常用的还原剂有各种有机物、活性炭、硫化物、碘化物、磷、甘油、蔗糖等。

3. 药理性

药理性配伍禁忌即两种或两种以上药物互相配伍后，由于药理作用相反，使药效降低甚至抵消的现象。

（1）抗生素类药物　临床常见注射用抗生素有青霉素、硫酸链霉素、硫酸卡那霉素、硫酸庆大霉素等，其中青霉素 G 钾和青霉素 G 钠不宜与四环素、土霉素、卡那霉素、庆大霉素、磺胺嘧啶钠、碳酸氢钠、维生素 C、维生素 B、去甲肾上腺、阿托品等混合使用。青霉素 G 钾比青霉素 G 钠的刺激性强，钾盐静脉注射时浓度过高或过快，可致高血钾症而使心跳骤停等；氨苄青霉素不可与卡那霉素、庆大霉素、碳酸氢钠、维生素C、维生素B、5%葡萄糖、葡萄糖生理盐水配伍使用；头孢菌素忌与氨基糖苷类抗生素如硫酸链霉素、硫酸卡那霉素、硫酸庆大霉素联合使用，不可与生理盐水或复方氯化钠注射液配伍；磺胺嘧啶钠注射液遇pH较低的酸性溶液易析出沉淀，除可与生理盐水、复方氯化钠注射液、20%甘露醇、硫酸镁注射液配伍外，与多种药物均为配伍禁忌。

（2）盐代谢平衡药物　这类药物较多，有0.9%氯化钠、5%葡萄糖、10%葡萄糖、复方氯化钠、葡萄糖氯化钠注射液等。不同浓度的葡萄糖注射液可使新霉素变色，影响其抗菌活性，因此不宜与新霉素混合使用。6%右旋糖苷除可与地塞米松磷酸钠注射液配伍外，与多种药物均为配伍禁忌。氯化钙注射液静脉滴注时必须缓慢，以免血钙骤升，导致心率失常；氯化钙对组织有强烈的刺激性，注射时严防漏到血管外，以免引起局部肿胀或坏死，若不慎漏出应立即用注射器吸去漏出液，再在漏出局部注入25%硫酸钠溶液10～25毫升以便形成无刺激的硫酸钙，严重时应进行局部切开处理；氯化钙忌与强心苷、肾上腺素、硫酸链霉素、硫酸卡那霉素、磺胺嘧啶钠、地塞米松磷酸钠、硫酸镁注射液合用；另外，氯化钙葡萄糖注射液与葡萄糖酸钙注射液不是同一种药，不可混淆。葡萄糖酸钙注射液静脉注射速度也应缓慢，忌与强心苷、肾上腺素、碳酸氢钠、硫酸镁注射液并用。碳酸氢钠注射液为碱性药物，忌与酸性药物配合使用；碳酸氢根离子与钙离子、镁离子等形成不溶性盐而沉淀，故本品不与含钙、镁离子的注射液混合使用；对患有心脏衰弱、急慢性肾功能不全、缺钾并伴有二氧化碳滞留的病畜应慎用；临床上不宜与碳酸氢钠注射液配伍的药物有氢化可的松、维生素、杜冷丁、硫酸阿托品、硫酸镁、青霉素G钾、青霉素G钠、复方氯化钠、维生素C、肾上腺素、细胞色素C注射液等；一般情况下，5%碳酸氢钠只与地塞米松磷酸钠注射液配伍。氯化钾注射液在动物尿量很少或尿闭未得到改善时严禁使用；晚期慢性肾功能不全、急性肾功能不全病畜应慎用；氯化钾注射液用于静脉滴注时浓度不宜过高、速度不宜过快,否则会抑制心肌收缩,甚至导致心跳骤停;本品在临床上除不与肾上腺素、磺胺嘧啶钠注射液配伍外,可与多种药物混合使用。

(3) 维生素类药物 维生素 B 不宜与氨苄青霉素、头孢菌素等抗生素配伍,维生素 B 在临床上未见与任何药物配伍禁忌的报道;维生素 K 不宜与巴比妥类药物、碳酸氢钠、青霉素 G 钠、盐酸普鲁卡因配伍使用;维生素 C 注射液在碱性溶液中易被氧化失效,故不宜与碱性较强的注射液混合使用,另外不宜与钙剂、氨茶碱、氨苄青霉素、头孢菌素、四环素、卡那霉素等混合注射。

(4) 能量性药物 这类药物临床常见的包括细胞色素 C、肌苷等注射液,其中不宜与肌苷注射液配伍的药物有碳酸氢钠、氨茶碱注射液等;宜与细胞色素 C 注射液配伍的药物有碳酸氢钠、氨茶碱、青霉素 G 钠、青霉素 G 钾、硫酸卡那霉素等;不宜与 CoA 注射液配伍的药物有青霉素 G 钠、青霉素 G 钾、硫酸卡那霉素、碳酸氢钠、氨茶碱、葡萄糖酸钙、氢化可的松、地塞米松磷酸钠、止血敏、盐酸土霉素、盐酸四环素、盐酸普鲁卡因注射液等。

(5) 肾上腺皮质激素类药物 临床常用的有氢化可的松注射液、地塞米松磷酸钠注射液,这类药物如果长期大量使用会出现严重的不良反应。一是诱发或加重感染:要求用于治疗感染性疾病或体弱家畜疾病时应配合使用抗菌药物。二是类肾上腺皮质功能亢进综合症:长期过量用药会引起矿物质代谢和水盐代谢紊乱,而出现组织水肿、低血钾、肌肉萎缩、骨质疏松、糖尿、幼畜生长停滞等,停药后症状会自行消失,因此,在骨软症、糖尿病、骨折治疗期间不宜使用本类药物。三是影响伤口愈合:使用本类药物会影响伤口愈合,因此家畜在术后慎用。四是肾上腺皮质机能不全:长期大量使用本类药物,可使肾上腺皮质机能低下、皮质萎缩,突然停药可发生精神沉郁、体温升高、软弱无力、食欲不振、血糖和血压下降,某些病畜在突然停药后疾病即复发甚至加剧,因此使用本类药物在 1 周以上时,一般不应突然停药,而应逐渐减量至停药,同时,本类药物在临床上一般不与盐酸土霉素、盐酸四环素、盐酸普鲁卡因、氯化钙、止血敏注射液配伍使用。

（6）强心剂　临床常用的有安钠咖、洋地黄、肾上腺素注射液等。洋地黄注射液性质不稳定，易被酸、碱水解，故单独使用为好；肾上腺素注射液作用强、快，剂量过大可导致心率失常，重者可发生心室颤动，用时要严格控制剂量；病畜使用水合氯醛、酒石酸锑钾时，心脏有器质性病变的动物不可使用本品；同时本品禁止与洋地黄、钙剂等配合使用，以免发生心跳停止。不宜与安钠咖注射液配伍的药物有硫酸卡那霉素、盐酸土霉素、盐酸四环素等。

（7）其他药物　不宜与止血敏注射液配伍的药物有地塞米松磷酸钠；20%甘露醇注射液不可与高渗生理盐水配伍使用，因氯化钠等能促进甘露醇的排出，用本品治疗严重脑水肿时应每隔6～12小时注射1次，用量不可过大以免脑组织严重脱水，静脉注射时避免药物漏出血管外；盐酸普鲁卡因、硫酸阿托品注射液等药物在临床上一般主张单独使用。

（九）孕仔畜用药注意事项

1. 胎儿与母体的关系

母畜在妊娠期间，胎儿在子宫内生长发育是通过胎盘与母体进行物质交换的。当胎盘的血液循环发生障碍时，可以引起胎儿缺氧，甚至死亡。胎儿还通过胎盘的渗透作用，从母体摄取营养物质和排泄代谢产物。胎儿在母体内发育，使孕畜既要维持自身的生理活动，又要满足胎儿的营养及代谢需要。这样一来，母体的基础代谢必然要提高，各系统的生理负担也相应增加，这就使肝脏对药物的代谢解毒功能和肾脏的排泄功能最容易受到影响，并使母体的抵抗力和耐受性有所降低。正常时，胎盘能防御大部分药物与细菌进入胎体，但这种防御作用不完全，而有些药物如抗生素、磺胺制剂、砷剂及内分泌素等则能由母体的血液经胎盘渗入胎体。故对孕畜用药时，必须慎之又慎。

2. 某些药物对孕畜和胎儿的影响

某些对母畜子宫平滑肌有兴奋刺激作用,可使子宫收缩的一些西药和中药,如麦角垂体后叶素、催产素、水银、巴豆、大戟、斑蝥等。这些药物若应用不当,可致孕畜流产,或使胎儿在子宫内窒息死亡,甚者使子宫破裂。有些泻下药虽不直接引起子宫收缩,但通过刺激肠壁,使肠管蠕动增强,反射性地引起子宫收缩而致流产。在妊娠期间,如果用一些副作用或毒性较大的药物,也可使母体和胎儿受到损害,如抗肿瘤药(环磷酰胺等)、菌疫苗(布氏杆菌活菌苗等)、抗寄生虫药(灭虫灵、四氯乙烯等)、利尿剂(速尿)等。

胎盘虽然是一道屏障,能够防御大部分药物和细菌进入胎体,但有些药物仍能通过胎盘对胎儿产生影响。据资料介绍,妊娠早期使用大剂量皮质激素、长效磺胺类、抗菌增效剂等,可影响胎儿生长发育,甚至发生多发性畸形;四环素能妨碍胎儿骨骼及牙齿的生长,大剂量应用雄性激素丙馥睾丸酮,可引起雌性胎儿外生殖器雄性化。

母畜在妊娠期间,对有剧毒的中药如斑蝥、天雄、野葛、水银、巴豆、芫花、大戟、硇砂、地胆、乌头、附子等12味,前9味是绝对禁服药,后2味经炮制后可用;牵牛子、麝香均宜慎用;无毒的芽根、木通、瞿麦、通草、薏苡仁5味药,前3味有利血除瘀之功,列入禁忌;赭石、芒硝、牙硝3味矿物药,古人认为有坠胎的作用;桃仁、牡丹皮、三棱、牛膝4味药,活血化瘀,通经止痛,古人也列入禁忌;干姜、肉桂、半夏3味药,被古人列为禁忌;产和跌在妊娠诸病中,可根据病情辨证用药,严格控制用药量,妊娠期间应用有毒的中草药或破气破血、大寒大热、滑利沉降的药物都要特别注意,以防对胎儿或母体产生不良影响,对毒性较强或药性峻烈的药物应禁止使用。

3. 孕畜用药时的注意事项

一是对孕畜或胎儿有影响的药物"忌用"或"慎用",在一般情况下应避免使用,可用药效相同或相近的其他药物代替;对复方制剂的组合成分及其各药的含量应有所了解,如含有对孕畜"忌用或慎用"的药物时,则这类复方制剂也应忌用或慎用,以防发生损害。

二是母畜妊娠后,肝肾功能会受到一定影响,机体的抵抗力和耐受性会减低,尤其在妊娠的早期和后期更需要注意。有些药物应用一般的常规剂量往往也会发生剧烈的反应,甚至出现中毒现象。故对孕畜的用药量注意掌握,谨慎观察用药反应及效果。

三是无论何种药物,皆各具一性之偏,使用其偏,才能驱邪以扶正。不过孕畜用药,中病即止,不宜过量或久服。《素问·五常政大论》云"无毒治病,十去其九,谷果菜食养尽之,无使过之,伤其正也。"说明药不可过服,常人尚且如此,何况孕妇,其理人畜同然。

四是对孕畜和胎儿可能产生不良影响的药物,远不止这些。这就要求我们在处方用药之前,要了解药物的作用与副作用,同时还要仔细观察治疗的效果及不良反应,以使母体及胎儿免受损害。

(十)应用兽药的失误和纠正

1. 因择药不当发生的失误

这在使用抗菌药时特别容易发生。目前临床常用的抗菌药有抗生素、聚醚类饲料用抗生素、磺胺类及其增效剂、喹乙醇及喹诺酮类(氟哌酸、恩诺沙星、环丙沙星等),其失误常表现在以下几个方面。

(1)选用抗菌药的失误　一是滥用青霉素钾或钠盐。青霉素价廉且抗感染效果好,除偶有过敏反应外一般无毒副作用,故常有滥用现象。二是把新、贵的抗生素作常规药应用。例如先锋霉素(头孢霉素),虽可用于其他抗菌药无效的急重感染或已有耐药的病例的治疗,而近期农业部已明令禁止这类药物从人医移植至兽医领域。三是受广告宣传误导,对某些国内新使用药物的不良反应认识不足。四是忽略某些价廉而有实效药剂的正常使用。

(2)选择用抗菌药与抗虫剂的建议　一是常用抗菌药,可选定青霉素钾或钠盐(主抗革兰氏阳性菌药)、氨苄青霉素(抗革兰氏阳性与阴性菌药)、庆大霉素(用于青霉素无效的抗革兰氏阳性和阴性菌药)。二是特需抗菌药,例如兽用卡那霉素(为猪喘气病或萎缩性鼻炎备用药)、硫氰酸红霉素(治鸡呼吸道支原体病药)等。三是预防用抗菌药,例如,喹乙醇、土霉素(均作抗菌促生长剂)、泰乐菌素(抗菌、抗支原体和钩端螺旋体促生长剂)、地克珠利(新型、高效、低剂量、无耐药性的抗鸡兔球虫剂)。

2. 剂量因素引起的失误

一是抗菌药的剂量越用越大。或因受过假药劣药之害或受某些传言误导,有的抗生素(例如青霉素、氨苄青霉素、庆大霉素)的临床用量越来越大,使之长期处于超量使用状态。二是抗菌药合用不减量。例如将青霉素与链霉素合用,两药均可适当减量(至少1/3)。三是剂量与疗程不足。例如磺胺类药要求按体重计算用量,首剂要用加倍量,并在疗程内坚持使用维持量(2~3日),可是临床中经常出现剂量应用不足(特别是首剂量不足)和不能坚持使用维持量或疗程不足的现象。四是药物计量失误。固体药物的用量通常是按克、毫克、微克为单位计算。

3. 合并用药的失误

因兽药种类繁多,合并用药比较复杂,只以抗菌剂为例加以说明。

(1)合用颉颃或使抗菌药减效的药剂　普鲁卡因含有PABA(对氨基苯甲酸)成分的药物,能颉颃磺胺类药的抑菌作用;抑菌性抗生素如红霉素能对抗青霉素的抗菌力;青霉素与磺胺类药合用两者的临床疗效均下降,磺胺类药注射液为强碱性,与青霉素混合注射能破坏青霉素的抗菌活性;碳酸氢钠与土霉素、四环素合用内服,可使胃肠对后二者的吸收减少50%而降低药效;维生素B_1、维生素B_2、维生素C的注射液对氨苄青霉素、先锋霉素Ⅰ和Ⅱ、土霉素、强力霉素、链霉素、卡那霉素、林可霉素等均有不同程度的灭活作用,即抗生素失去抗菌力,故不能混合注射;喹乙醇与土霉素合用作饲料添加剂有药理性颉颃作用;喹乙醇、杆菌肽锌、北里霉素、维吉尼霉素等饲料添加剂之间的抗菌作用互相颉颃。

(2) 合用毒性增强的抗菌剂　双氢链霉素本身有较强的耳神经毒作用,与卡那霉素合用更相互加重对耳内听神经等的毒性;链霉素、卡那霉素与肌松药(如琥珀胆碱)合用能加重神经肌肉的麻痹和抑制呼吸的毒性作用。

(十一)常用抗菌药的不良反应与对策

1. 抗菌药不良反应

临床使用抗菌药物防治畜禽疾病时,可能产生多种药理效应,既能对防治疾病产生有利的治疗作用,也能产生其他与用药目的无关或对动物产生损害的不良反应。

(1) 细菌耐药性　随着抗生素的不断应用,细菌中耐药菌株数量也在不断增加,细菌容易产生耐药性的抗生素有以青霉素为代表的β-内酰胺类、大环内酯类,部分氨基糖苷类、四环素类等。耐药菌最大的危害是通过食物链转给人类,使人类感染致病,同时往往会延误疾病的正常治疗或使治疗失败。

(2) 特殊毒性作用　主要包括致畸、致癌、致突变作用和生殖毒性作用。如四环素、氨基糖苷类、磺胺类、喹诺酮类、喹噁啉类、咪唑类等抗菌药物均可能有三致作用,这些药物通过诊疗或残留在肉、乳、蛋中,进入人体中,可能引发"三致"作用及影响生殖功能。

(3) 菌群失调　若长期滥用抗菌药物,由于残留造成的低水平积累可使畜禽、人体正常菌群平衡遭到破坏,导致非致病菌死亡,引起耐药菌乘机大量繁殖,因而会加重病情。如四环素类中的四环素、土霉素、金霉素、多西环素及其衍生物,在肠道菌群平衡破坏后,造成二重感染,导致中毒性胃肠炎或全身感染。

(4) 变态反应　又称过敏反应,是指机体受药物刺激,发生异常的免疫反应而引起生理功能的障碍或组织损伤,一些抗菌药物如青霉素、磺胺类、氨基糖苷类中的庆大、红霉素、喹诺酮类和四环素类能引起变态反应,轻度的变态反应会引起麻疹、皮炎、发热、血清病型反应,关节肿痛、血管神经性水肿、肌肉震颤、呼吸困难、心跳加快、严重的导致休克甚至危及生命,这种反应与剂量无关,反应性质各不相同,很难预知,致敏原可能是药物本身或其在体内的代谢产物,也可能是制剂中的杂质。

(5)干扰免疫反应　抗菌药物对某些活菌苗的主动免疫过程有干扰作用,而磺胺类能起免疫抑制作用,为此对疫苗接种期间的动物禁用。

(6)副作用　常用治疗剂量产生与治疗无关的作用或危害不大的不适应反应,有些药物选择性低,药理效应广泛,利用其中某一作用为治疗目的时,其他作用便成了副作用。如阿托品作麻醉前给药,主要目的是抑制腺体分泌和减轻对心脏的抑制,其抑制胃肠平滑肌的作用便成了副作用。副作用一般是可预见的,往往很难避免,临床用药时应设法纠正。

(7)后遗效应　指停药后血药浓度已降至最低有效浓度以下时残存药理效应,可能由于与药物受体的牢固结合,靶器官药物尚未消除,如长期应用皮质激素,由于负反馈作用,垂体前叶和(或)下丘脑受到抑制,即肾上腺皮质功能恢复至正常水平,但对应激反应在停药半年以上时间内可能尚未恢复,也称药源性疾病。

2. 抗菌药不良反应采取的措施

(1)明确用药指症　正确的诊断是合理应用抗菌药的前提。当畜禽发生疾病时应进行病原学检验,分离和鉴定病原菌后,有条件的必须进行药敏实验,并保留细菌标本供进行血清杀菌活力(SBA)实验。在药敏试验结果未知晓前或临床诊断相对明确的,可先进行试验性治疗。选用药物应结合药物的抗菌活性、药动学(吸收、分布、代谢、排泄、半衰期、生物利用度等)、药效学、不良反应、药源、价值与效益等加以综合考虑。无条件进行药敏试验的应选用本场或本地区不常用的药物,这可为临床用药提供经验。

(2)合理的剂量和疗程　抗微生物药物的药效有赖于药品在畜禽体内的有效血药浓度。用药前要根据药物在畜禽体内的半衰期确定用药剂量和疗程。给药剂量应恰到好处,剂量过小,起不到治疗作用,易使细菌产生抗药性;剂量过大,不仅造成浪费,还可能引起严重的毒副反应。药物的最低抑菌浓度(MIC)可作为衡量最低有效浓度的粗略指标。对危重病例,为尽快达到稳态血药浓度,常采用首次剂量加倍的方法进行治疗。

病原体在畜禽体内的生长繁殖有一个过程,药物起效需要一定的时间,这段起效的时间即为疗程。疗程过短,病原菌的生长繁殖只能被暂时抑制,一旦停药,受抑的病原体又会重新生长繁殖,其后果是疾病复发或转为慢性。药物连续使用时间必须在一个疗程以上。不可用药1~2次就停药或急于调换药物品种。长期使用单一抗菌药不但浪费,还可能导致耐药菌株产生及引起毒副反应。

(3)适当的给药途径 常用给药方法有拌料、饮水、注射及气雾给药等。给药途径应根据药物的特性、剂型,患畜畜种、病情及病畜禽的食欲和饮水状况而定。选好给药途径可起到事半功倍的效果,如治疗呼吸道感染应用新霉素、链霉素时应采用气雾给药,因为这两种药物内服吸收效果差。肠道感染,则必须采用内服给药。同一种药物,给药途径不同,会产生大相径庭的效果。同类药物,给药途径不同,其效果也不一样,以青霉素类药物中的青霉素G和阿莫西林为例,青霉素G是从青霉菌培养液中提取的,在水中不稳定,极易被β-内酰胺酶和胃酸水解破坏,所以不应该混饮、混饲;阿莫西林为半合成制品,具有耐酸的优点,其内服效果良好。采用饮水给药要考虑药物的溶解度和畜禽的饮水量,要确保畜禽吃到足量的药物。拌料给药时,应按递增混合法将药物与饲料充分混匀,尤其是安全范围小、剂量较小的药物更应混匀,以免动物采食药量过小起不到防治作用或因进食药量过大而中毒。对严重感染病例多采用注射法给药,对零星散养的家畜,注射给药疗效更为可靠。肌注药物时要注意药物的黏稠度。黏度大的药物,抽取的液量应适当超过规定的剂量,且注射的速度要慢一些。

(4)联合用药 避免配伍禁忌联合用药是指同时或短期内先

后应用两种或两种以上的药物,其目的在于增强药物疗效,减少、消除不良反应或防止细菌产生耐药性或分别治疗不同的症状与并发症。对混合感染或不能进行细菌学诊断的病例,联合用药可扩大抗菌范围。滥用抗菌药可能造成的不良后果是增加不良反应的发生率,导致二重感染、耐药菌株增多。配伍禁忌造成药效降低、疾病不能得到有效控制的事件时有发生。联合用药应注意配伍禁忌。

(5)杜绝滥用药物严防耐药性产生 提倡使用中兽药和动物专用抗菌药。中草药是天然药物,毒副作用相对较少。有农业部批准文号的中草药制剂(包括中草药提取物)可供选用。动物专用药,如杆菌肽锌、盐霉素、黄霉素等是畜禽专用药物,畜禽使用这些药物不会或不易对人体构成影响。

(6)遵守休药期 为保障人民的身体健康和促进外贸出口,应严格控制兽药在畜禽体内的残留。对可吸收的抗菌药物,应规定停(休)药期。养殖场应遵守宰前停药的规定,停药期内患病急宰的动物不得食用。药物按规定剂量、规定药方使用,按休药期规定停药,其在动物机体内的残存量是低于最高残留限量的,只要有足够的停药期,随着药物不断从动物体内排出,其肉品中的药物残留量是不会超标的。中草药具有保健、增强机体免疫力的作用,可用中兽药代替部分抗生素和合成药物。

(十二)假劣兽药的识别

1. 查

一查兽药生产企业资质。凡未经批准的兽药生产企业,一无兽药 GMP 证书,二没有《兽药生产许可证》,按《兽药管理条例》规定,对其生产的所有产品一律按假兽药处理。因此,兽药经营企业在进货时,一定要获取企业资质准确信息,要索取兽药 GMP 证书复印件和《兽药生产许可证》复印件,没有这两个证明材料,这样的企业就是非法企业。如果有这两个证明材料,为进一步核实,还可以登录中国兽医药品监察所网站进行查询。如果该企业为合法企业，会查到该企业的详细信息并与产品标签所标相符；若无此企业信息，或有该企业信息但与产品标签所标不相符，可认定为非法企业。

二查产品批准文号合法性。检查时先看产品有无批准文号，然后看批准文号的格式是否正确。在格式正确的前提下，再进一步核实文号的真伪。产品批准文号是判断兽药是否属于假兽药的重要证明性材料，因此，在定货时一定要索取农业部的兽药产品批准文号批文复印件进行核实。如果有条件，还可以登录中国兽医药品监察所网站进行查询。具体方法是：登录 www.ivdc.gov.cn 兽药数据库、兽药产品查询，输入兽药产品末9位数字进行查询。如果该产品为合法产品，会查到该产品的详细信息并与产品标签所标相符；若查到无此产品，或有该产品但信息与产品标签所标不相符，可认定为假兽药。

三查是否为国家禁止使用的兽药。《兽药管理条例》规定，生产销售淘汰或国家禁止使用的兽药，应视为假兽药予以处理。定货时要核对所定产品是不是550公告和193号公告中公布的禁用兽药，如硝基呋喃类、喹恶啉类和性激素类药物等。

2. 看

在初步认定为合法企业的合法产品之后，再进行详细核实。

一看产品外包装。是否完好，是否有外包装标签，是否标注兽用标识、兽药名称、主要成分、适应症（或功能与主治）、用法用量、含量/包装规格、批准文号或《进出口兽药登记许可证》证号、生产日期、生产批号、有效期、停药期、贮藏、包装数量、生产企业信息等内容，包装是否有标签和产品说明书，无以上信息的产品可判为假劣兽药。用瓶包装的瓶盖应密封严密，无松动，瓶口无裂缝或药液渗出；用袋包的封口应严密。包装不严密的可判为假劣兽药。兽药包装内应附有产品质量检验合格证，无合格证的，可怀疑为假劣兽药。

二看批准文号。兽药生产企业生产兽药，应当取得农业部核发的产品批准文号。兽药产品批准文号是农业部根据兽药国家标准、生产工艺和生产条件批准特定兽药生产企业生产特定兽药产品时核发的兽药批准证明文件。企业套用、冒用或自编的批准文号，均按假兽药进行处理。批准文号的样式如下：兽药产品简称+（4位年号）+2位省序号+3位企业序号+4位品种编号。兽药产品简称一般有以下3种：药物添加剂的类别简称为"兽药添字"；血清制品、疫苗、诊断制品、微生态制品等的类别简称为"兽药生字"；中药材、中成药、化学药品、抗生素、生化药品、放射性药品、外用杀虫剂和消毒剂等的类别简称为"兽药字"。兽药产品的批准文号有效期为5年，过期即作废。无兽药产品批准文号、批准文号年号后不是9位或文号过期的可判为假兽药。

三看有效期。兽药产品的有效期是指该兽药被批准的使用期限，以法定兽药质量标准规定的有效期为准。法定兽药质量标准未规定的品种，企业可根据产品稳定性试验结果确定临时有效期，但最长时间不得超过2年。兽药产品有效期按年月顺序标注。年用四位数表示，月用两位数表示，如"有效期至2014年09月"，或"有效期至2014.09"。不标明或更改有效期或超过有效期的产品，可判为劣兽药。

四看标签。《兽药标签和说明书管理办法》规定，兽药产品（原料药除外）必须同时使用内包装标签和外包装标签。其中，内包装标签上应注明兽用标识、兽药名称、适应症（或功能与主治）、含量/包装规格、批准文号或《兽药登记许可证》证号、生产日期、生产批号、有效期、生产企业信息等内容。安瓿、西林瓶等注射或内服产品由于包装尺寸的限制而无法注明上述全部内容的，可适当减少项目，但至少需标明兽药名称、含量规格、生产批号。对贮藏有特殊要求的必须在标签的醒目位置标明。

五看说明书。兽用化学药品、抗生素产品的单方、复方及中西复方制剂的说明书必须注明以下内容：兽用标识、兽药名称、主要成分、性状、药理作用、适应症（或功能与主治）、用法与用量、不良反应、注意事项、停药期、外用杀虫及其他对人体或环境有毒有害的废弃包装的处理措施、有效期、含量/包装规格、贮藏、批准文号、生产企业信息等。中兽药说明书必须注明以下内容：兽用标识、兽药名称、主要成分、性状、功能与主治、用法与用量、不良反应、注意事项、有效期、规格、贮藏、批准文号、生产企业信息等。兽用生物制品说明书必须注明以下内容：兽用标识、兽药名称、主要成分及含量、性状、接种对象、用法与用量（冻干疫苗须标明稀释方法）、注意事项（包括不良反应与急救措施）、有效期、规格（容量和头分）、包装、贮藏、废弃包装处理措施、批准文号、生产企业信息等。兽药标签和说明书上必须标识兽药通用名称，可同时标识商品名称。不符合上述规定的可列为假劣兽药重点怀疑对象。

　　六看外观性状。水针装量应无明显差异，药液的颜色一致，澄清、无混浊、无沉淀和结晶出现；粉针应不粘瓶、无结块、不受潮等；片剂外观应完整、光洁、色泽均匀，应有适宜的硬度；粉剂、散剂及预混剂外包装应完整，装量应无明显差异，干燥疏松，颗粒均匀，色泽一致，无吸潮结块、霉变、发黏、变色、异味、包装破损等现象。凡达不到上述要求的，均为假劣兽药。对于购买的兽药无明显假劣兽药迹象，但按照标签说明使用后，无明显疗效的，可取未拆开的样品到省兽药饲料监察所进行检验，经检验为不合格产品，可凭检验报告、购买产品发票或收据向进货单位追偿损失，如果有必要可走法律途径追回损失。因此，兽药经营者和养殖者应对兽药的法规、规章、规定和农业部有关通知要熟悉，要有一定的法律意识和基础，购买兽药产品要索取发票或收据。从以上办法无法辨别产品真伪时，还需经兽药检测机构进行检验后再下定论。

二、畜禽常见疾病的鉴别诊断与防治

　　对于兽药经销员来说，除了销售产品之外还担负着技术服务等工作，所以也应该具备相关的兽医知识，帮助养殖企业（户）选对药,治好病。然而在实际中,很多疾病临床症状相似,常常困扰着兽药经销员,不知从何下手,下面就简单的介绍畜禽常见疾病的鉴别诊断方法。

(一)猪常见病的诊断与防治

1. 猪瘟

猪瘟俗称"烂肠瘟",是由猪瘟病毒引起的一种急性、发热、接触性传染病;具有高度传染性和致死性。

(1)临诊特征 只是猪和野猪感染发病,一年四季都可发生;一旦发病,在短期内造成广泛流行,发病和死亡都很高。本病按病程长短分为最急性型、急性、亚急性和慢性型。前3种类型的病猪体温升高到 40.5~42℃,呈稽留热,耳后、腹部、四肢内侧等毛稀皮薄处,出现大小不等的红点或红斑,指压不褪色。慢性型的则表现轻度发热、贫血、消瘦、食欲时好时坏,便秘与腹泻交替发生。3种急性型猪瘟主要呈现败血症变化:皮肤或皮下有出血点;颚、颈部、内脏淋巴结肿大,呈大理石样花纹;喉头黏膜、会厌软骨、膀胱黏膜、心外膜、肺及肠浆膜、黏膜有出血。慢性型的则是在盲肠、结肠及回盲处黏膜上形成有扣状溃疡。

(2)防控方法 主要包括做好猪瘟疫苗的预防性注射和紧急防疫。在紧急防疫时如果发现可疑的猪瘟病猪,应立即严格隔离或扑杀消毒;对疫区和受威胁区应进行紧急预防接种,可选用大剂量猪瘟活疫苗紧急免疫具有控制猪瘟病的效果。

2. 口蹄疫

口蹄疫是由口蹄疫病毒引起偶蹄兽的一种急性、热性和高度接触性的传染病。传染极快,发病率很高。

(1)临诊特征 猪、羊、牛等偶蹄动物都可发生,以猪特别具有易感性;多发生于秋季和早春。临诊以猪口腔黏膜、鼻端、蹄部和乳房皮肤发生水疱和溃烂为特征。吸乳仔猪发病时,临床多表现急性胃肠炎、腹泻、以及心肌炎而突然死亡,病死率达60%~80%。成年病猪以蹄部水泡为主要特征,体温升高至40~41℃,相继在唇、口、舌面、齿龈、乳头等部位出现更多的水泡。当水泡融合破裂后表面出血,形成烂斑,1 周左右可结痂痊愈;但继发细菌感染时,可发生化脓性和腐烂性炎症,呈现跛行;严重时蹄壳脱落,卧地不起。

(2)防控方法　按有关检疫部门要求规定及时接种疫苗,做好提前防疫。现多用猪 O 型口蹄疫 BEI(二乙烯亚脂)灭活油剂苗,25 千克重上的猪每 6 个月注射 1 次,免疫保护期可达 6 个月。紧急防制措施,可用口蹄疫灭活疫苗注射,有一定效果。

如疑口蹄疫时,立即向上级有关部门报告,并采取病料送检。对发病现场进行严格的封锁措施,隔离病猪,及时对症治疗。并对猪舍、饲养管理用具及环境进行严格消毒。

3. 伪狂犬病

伪狂犬病是由伪狂犬病病毒引起的多种家畜和野生动物的一种急性传染病。成年猪呈隐性感染或有上呼吸卡他性症状,妊娠母猪发生流产、死胎;哺乳仔猪出现脑脊髓炎和败血症症状。

(1)临诊特征　一年四季都可发生此病,但以冬春和产仔旺盛时节多发。随猪龄不同,症状有很大差异,但都无瘙痒症状。成年猪染病毒后,多以不显性感染为主,有时见上呼吸道卡他性炎症,有的则表现一过性的体温升高、精神不振、食欲下降。通常约过 5~10 天可以自然康复;怀孕早期母猪多在病后 1 周内流产,若在怀孕中、后期感染,则将会生出死胎或木乃伊胎,产出的弱仔,多在 2~3 天死亡,流产率可达 50%;本病流行后期(约发病后的第 4 周)猪场病势逐渐缓和,死、流产呈散发性发生,但新生仔猪的发病和死亡大幅度减少;带仔哺乳母猪感染后,可能有不吃食、咳嗽、发烧、泌乳减少或停止。仔猪吸吮含有伪狂犬病毒的母乳也受到感染,由于受到初乳母源抗体的保护作用,小猪死亡率低;但是,仔猪在感染后 36 小时开始可能出现抑郁、呕吐、发抖腹泻、脱水、衰弱、卧地不起、死亡;有的出现摇晃、后退、犬坐、流涎、转圈、惊跳、癫痫强直性痉挛、后期出现四肢麻痹、倒地侧卧、头向后仰、四肢乱动、最后死亡,2周龄内的仔猪病死率可达100%,3~4周龄的病死率不到50%,断奶后育成期猪往往并发病毒性肺炎,病死率可达30%~50%。

(2)防控方法 对于疫区和周围受威胁区的猪场,选用猪伪狂犬病灭活菌苗、基因缺失灭活菌苗(适用于原种、父母代种猪场),或者用伪狂犬病病毒K61弱毒疫苗,进行预防接种。对正暴发伪狂犬病的猪场,应对全猪群进行紧急预防接种,选用弱毒苗,以期迅速而全面地建立免疫保护。并结合消毒、灭鼠、驱杀蚊蝇等全面的兽医卫生措施,可很快控制发病。

4. 猪细小病毒病

本病是由猪细小病毒引起猪的繁殖障病之一,特别是以初产母猪产出死胎、畸形胎、木乃伊胎、弱仔猪,而母猪无明显病状为特征。

(1)临诊特征 主要发生于初产母猪,病毒一旦传入,3个月内几乎可导致猪群100%感染。猪场往往在同一时期内有多头母猪发生流产、死胎、木乃伊胎、胎儿发育异常等象,并且大多数是初产母猪,流产后母猪本身没有任何临诊症状。多数初产母猪受感染后可获得坚强的免疫力,甚至可持续终生。但可长期带毒排毒,可使本病在猪群中长期扎根,难以清除。被感染公猪的精细胞、精索、附睾、副性腺中都可带毒,在交配时很容易传给易感母猪,而公猪的性欲和授精率没有明显影响。

(2)防控方法 防止把带毒猪引入无此病的猪场。对初产母猪和育成公猪,在配种前一个月免疫注射。因本病发生流产或木乃伊同窝的幸存仔猪,不能留作种用。

5. 猪繁殖—呼吸综合征

又称蓝耳病,是近年新发现的由莱得斯塔德病毒引起的一种以流产、死胎、胎儿木乃伊化和呼吸困难为特征的猪的传染病。

(1)临诊特征 猪是唯一易感动物,各种年龄均可感染,但对1月龄仔猪和妊娠猪最易感染,危害性最大。此病传播迅速,呈地方性流行。

妊娠母猪,主要见于怀孕100天以后母猪,突然出现厌食,一部分母猪可能出现打喷嚏、咳嗽等类似流感的呼吸道症状;一部分母猪呼吸急促、体温稍高(39.5~40℃),有一过性低烧,严重的呼吸困难,2%左右病猪,耳尖、耳边呈蓝紫色,四肢末端和腹侧皮肤有红斑、大的疹块和梗死,出现流产或早产,产下木乃伊、死胎和病弱仔猪。

哺乳仔猪,除死胎、木乃伊外,虚弱仔猪增多,对刺激敏感、外翻腿(即四肢外展呈八字脚)、卧地、肌肉颤抖;有的早产仔猪出生时立即死亡或生后数天即死,或生后2~3天多发生腹泻,其死亡率可达30%~100%。有些仔猪出现呼吸困难、气喘或耳朵发绀、或有出血倾向、皮下有斑块、关节炎、败血症等症状。

断奶仔猪感染后大多出现呼吸困难、咳嗽、肺炎症状。有些下痢、关节炎、或眼睑肿胀—结膜炎、耳变红,皮肤有斑点,往往在某阶段突然暴发细菌性疾病,死亡率超过20%,未死亡的则长期消瘦,生长缓慢,成为僵猪。

育肥猪表现轻度类似流感症状,暂时性厌食和轻度呼吸困难,采食量稍低,增重缓慢。

(2)防控方法　严格落实综合防疫制度。母猪分娩前20天,每天每头猪给阿斯匹林8克,其他猪可按每千克体重125~150毫克阿斯匹林添加于饲料中喂服;或者按3天给1次喂服,喂到产前一周停止,减少流产。选用免疫增强剂或中草药制剂提高免疫功能。

6. 仔猪黄痢

仔猪黄痢又叫早发性大肠杆菌病,是由致病性大肠杆菌所引起的初生仔猪的一种急性、致死性传染病。以排出黄色稀粪为特征。

(1)临诊特征　主要在生后数小时至5日龄以内仔猪发病,以1~3日龄最为多见,7日龄以上的仔猪很少发病。最急性的,仔猪于生后数小时突然死亡,看不到症状。多见1~3日龄仔猪排黄色稀粪,内含凝乳小片,顺肛门流下,其周围多不留粪迹,易被忽视。腹泻重时,小母猪肛周和后肢被粪液沾污,病猪减吃或不吃奶,精神差,肛门松弛,排粪失禁,脱水消瘦,最后倒地昏迷死亡。

(2)防控方法 妊娠母猪于产前40~42天和15~20天分别用大肠杆菌苗(K88、K99、987P)免疫接种一次。另外,分娩舍彻底消毒和严格卫生管理。以及母猪产前3日至产后3日拌料喂服预防剂量的抗生素。

7. 仔猪白痢

仔猪白痢又叫迟发性大肠杆菌病,是10~30日龄仔猪常发的一种肠道传染病。以排出灰白色粥状或稀便为特征。

(1)临诊特征 突然发生腹泻、排出白色、灰白色至黄白色粥样粪或糊状粪,有腥臭味。病仔猪初期其体温、精神、食欲无明显变化,病的中、后期则见排粪失禁、食欲不振、渴欲增加,精神抑郁,眼球下陷,拱背、畏寒,被毛粗乱无光泽。病程2~10天,及时治疗大多能自愈,时有反复;若继发肺炎或并发营养不良,可衰竭而死亡。

(2)防控方法 早期及时治疗,愈后良好,具体方法见仔猪黄痢。

8. 猪水肿病

猪水肿病是由病原性大肠杆菌毒素引起小猪的一种急性、致死性传染病。常发于断奶前后,小至数日龄,大至3~5月龄也偶有发生。主要表现为突然发病、头部水肿,共济失调,惊厥,局部或全身麻痹。剖检以头部皮下、胃壁和肠系膜显著水肿为特征。

(1)临诊特征 发病多见是营养良好和体格健壮的断奶前后的仔猪,常突然发生,病程短,迅速死亡。但是发病一般局限于个别猪群中,并不广泛传播。最早通常突然发现1~2头体壮的小猪死亡,未见到症状。仔细检查则发现有些猪先轻度腹泻(后便秘),食欲减少或废绝,呼吸快而浅表,心跳加快。多数病猪先后在眼睑、结膜、齿龈、脸部、颈部和腹部皮下出现水肿,此为本病特征症状。有的病猪突然发病,做圆圈运动或盲目运动,共济失调。有时侧卧,四肢游泳状抽搐,触之敏感,发出呻吟声或嘶哑的叫声。站立时拱背发抖,有的前肢或后肢麻痹,不能站立。

(2)防控方法 乳猪7日龄即开始诱食,必要时人工用手喂饲或擦抹糊状乳料,每天喂3~4次。使其训练采食而达到习惯适应乳料和能独立生活能力。设法消除或减少断奶转群的各种应激因素。选用抗过敏、抗休克、助消化、消炎、防腹泻等药物。

9. 猪传染性胃肠炎

本病是由冠状病毒属的猪传染性胃肠炎病毒引起的一种急性、高度接触性的传染病。可发生于各种年龄的猪,以呕吐、严重腹泻、脱水和10日龄内仔猪高度死亡率为特征,5周龄以上的病猪都很少死亡。

(1)临诊特征 本病多流行于冬春寒冷时节,在产仔旺季发生较多。哺乳仔猪往往在吃奶后突然发生呕吐,剧烈水样腹泻,粪便为灰白或黄白色,后期略带灰褐色;精神萎靡,被毛粗乱无光泽,战栗,吃奶减少或停止吃奶,口渴,迅速脱水,消瘦,衰竭死亡。架子猪和肥育猪发病率高,突然发生水样腹泻,粪便呈灰或灰褐色,食欲不振,无力;有病期间,增重明显减慢,病程约1周。哺乳母猪,常与仔猪一起发病,表现食欲不振,有的呕吐,体温升高;严重腹泻,乳量减少或停止。

(2)防控方法 实行"全进全出"的管理,可有效的预防此病流行。用传染性胃肠炎弱毒冻干疫苗进行预防免疫,妊娠母猪于产前20~30天注射2毫升。主动免疫初生仔猪注射0.5毫升;10~50千克猪注射1毫升;50千克以上2毫升。免疫期为6个月。在疫病流行时用疫苗做紧急防治,有良好效果。

10. 仔猪副伤寒

本病是由猪霍乱和猪伤寒沙门氏菌引起的仔猪传染病,多发生于2~4月龄仔猪。急性病例为败血症变化,慢性的为大肠坏死性炎症及肺炎。

(1)临诊特征　本病多发生在饲养卫生条件不好的2~4月龄仔猪中,呈地方流行或散发,流行缓慢;尤其是寒冷多变气候和阴雨连绵季节易发。

急性型(败血型):多见于断奶后不久的仔猪,体温升高(41~42℃),食欲减退、寒战,常堆叠在一起。病初便秘后下痢,粪便淡黄色或灰绿色,恶臭,有时出血,病后期腹部、耳及四肢皮肤呈深红色或青紫色斑点。病猪呼吸困难,体温下降,一般经2~6天死亡。

慢性型(结肠炎型):此型常见,与肠型猪瘟相似,扎堆、寒战,眼有黏性或脓性分泌物,便秘腹泻交替发生,粪便呈灰绿色、恶臭,混有血液。病猪消瘦、常呈现收腹弓背、尖叫,似有腹部疼痛症状。腹部皮肤上出现痂样湿疹。有些病猪咳嗽,体温稍许升高。病程2~3周或更长,未死的以后发育不良或复发。

(2)防控方法　改善饲养管理和卫生条件,给予优质全价配合颗粒料,增强仔猪抗病力。对本病常发地区或猪场,进行防疫注射或口服疫苗方法预防。

对未发病的猪,在每吨饲料中加入金霉素100克混匀喂服有预防作用。

11. 猪痢疾

本病是由猪痢疾密螺旋体引起的猪肠道传染病。曾被叫过猪血痢、黑痢、黏液出血性下痢、弧菌性痢疾等。主要症状为黏液或黏液出血性下痢,可使病猪死亡,生长发育受阻,饲料利用率降低。

(1)临诊特征　本病的发生无季节性,起初呈性暴发,后逐渐缓和变为慢性,传播缓慢,流行期长。流行初期,猪未表现症状突然死亡。多数病猪表现不同程度的腹泻,先拉软粪,渐变为黄色稀粪,内混黏液或血。中后期粪便含有血液或血凝块,黑红色的脱落黏膜组织碎片。病猪渐进性消瘦、贫血、生长迟滞。康复后易多次复发。

（2）防控方法　一是采用痢菌净 5 毫克/千克体重一次,内服,每日 2 次,连服 3 天为一疗程;或 0.5%痢菌净溶液 0.5 毫升/千克体重,肌内注射。若用于预防则 50 克/吨饲料。二是采用痢立清(卡巴氧)50 克/吨饲料用于防治,可连续使用,但屠宰前 4~10 周应停药。三是采用泰乐菌素 100 克/吨饲料为预防量。治疗量为 100~110 毫克/（千克体重·次）,1 天 2 次内服,连用 7 天。四是采用四环素族抗生素 100~200 克/吨饲料,连喂 3~5 天。

12. 猪链球菌病

本病是由多种链球菌感染所引起的一类疾病的总称。其临床常见的有败血症型、化脓性淋巴结炎(淋巴节脓肿)型、关节炎型和脑膜脑炎型。

（1）临诊特征　本病一年四季均可发生,病猪和病愈带菌猪是本病自然流行的主要传染源。呈地方流行性。

败血症型：本病流行初期常有最急性病例,突然发病死亡,非急性败血型的病例,不吃食,体温升到 41~42℃,呈稽留热,全身症状明显,如精神委顿,心跳增速,呼吸迫促,流浆性或黏液性鼻液,便秘。腹下有紫红色斑。有的拌有关节肿胀,跛行或卧地不起。病程 1~3 天。

脑膜脑炎型：多见于哺乳仔猪和断奶后小猪,病初体温升高,不食,便秘,有浆液性或黏液性鼻汁,继而出现共济失调、转圈、磨牙、仰卧或角弓反张、侧卧于地、四肢作游泳状运动,昏迷等各种神经症状。有些猪关节肿胀。如不及时治疗,于 1~2 日死亡。

关节炎型：可由前两型转来,也有发病即表现一肢或几肢关节肿胀,疼痛,跛行或不能站立,可逐渐好转而恢复,或逐渐衰弱,突然恶化而死亡。

淋巴结脓肿型：多见于颌下淋巴结,其次是咽部、耳下和颈部淋巴结。淋巴结肿胀,有热、痛、采食和吞咽障碍,有的咳嗽、流鼻液。淋巴结脓成熟变软,表现皮肤坏死、破溃流出浓汁后,全身症状也好转,局部结疤愈合。

(2)防控方法　做好猪舍、环境用具等卫生消毒工作,消除外伤引起的感染因素。及时治疗,常选用大剂量青毒素或四环素类和磺胺类药物及时治疗,有一定效果。必要时,可用猪链球菌冻干疫苗进行预防接种。

13. 猪丹毒

猪丹毒是由猪丹毒丝菌引起猪的一种急性传染病。临床特征是:急性型呈败血症症状;亚急性型在皮肤上出现紫红色疹块;慢性型为非化脓性关节炎和疣状心内膜炎。

(1)临诊特征　本病虽然一年四季均可发生,但在北方地区以夏季炎热、多雨季节流行最盛,而在南方地区则在冬春季节流行。常为散发性或地方流行传染,有时暴发流行。

败血症型:为急性型见于流行初期,个别健壮猪突然死亡,未表现任何症状。多数病猪则表现减食,或有呕吐,寒战,体温突然升高达42℃以上,常躺卧不愿走动,大便干。有的后期腹泻;皮肤上出现形状和大小不一的红斑,指压时退色。若小猪得猪丹毒病时,常有抽搐样症状。

疹块型:为亚急性型猪丹毒,皮肤表面出现疹块是其特征症状,俗称"打火印"或"鬼打印"。现实生产中较少见此类型病例。

慢性型:这种类型多由急性或亚急性转化而来的,主要症征是心内膜炎或四肢关节炎。

(2)防控方法　做好预防注射。及时用青霉素按每千克体重1.5万~3万单位,每天2~3次肌注,连用3~5天。绝大多数病例的疗效良好,极少数不见效,可选用氧哌嗪青霉素,若与庆大霉素、丁胺卡那霉素合用,疗效更好。在非疫区搞好猪场的卫生、消毒等工作,可免受猪丹毒丝菌感染。

14. 猪肺疫

猪肺疫是由多杀性巴氏杆菌引起的一种急性传染病。又叫猪巴氏杆菌病。临床主要特征症状为急性出血性败血病、咽喉炎和肺炎,俗称"锁喉疯"或"肿脖子瘟"。

（1）临诊特征　本病无明显的季节性，但是以秋末春初气候剧变、潮湿、闷热、多雨时期多发；常为散发，有时可呈地方流行性。

急性型：有的未看到病猪任何症状表现，晚上吃料正常，第二天清晨发现死于栏内，此为最急性的。常见急性型的猪表现体温升高达 41～42℃，食欲废绝，卧地不起或烦躁不安，呼吸困难，伸头颈呼吸，咽喉部红肿、发热、坚硬，有的向后延及达胸前，做犬坐势发出喘鸣声、口鼻流出泡沫。可视黏膜发绀，胸部触诊疼痛等急性胸膜炎症状；有的初便秘，后腹泻，往往多因窒息而死，病程几天不等，不死的转为慢性。

慢性型：主要表现为慢性肺炎和慢性胃肠炎症状，如不及时治疗，多在 2 周以后衰竭而死。

（2）防控方法　选用疫苗进行预防注射。发病后，隔离病猪，及时用抗生素及磺胺类药物治疗。

15. 猪流行性感冒

本病是由猪流行性感冒病毒引起的急性呼吸道传染病。临床特点是突然发生，很快感染全群，体温升高、咳嗽和呼吸道症状。一般可自愈，有猪嗜血杆菌或巴氏杆菌混合感染时加重病情可引起死亡。

（1）临诊特征　本病流行有明显的季节性，大多发生有天气骤变的晚秋和早春以及寒冷的冬季。发生快速，流行面广，死亡率低。常全群同时发病，体温升高到 40～42℃，厌食或废绝，常挤卧不愿站立，呼吸急促，职、阵发性咳嗽，从鼻和眼流出黏液性分泌物。多数猪 1 周左右康复。若发病期间饲养管理和护理不好，继发感染肺炎、胸膜炎等则加重病情或死亡。

（2）防控方法　严格执行防疫卫生制度，加强饲养管理。及时对症治疗，可选用安乃近、复方安基比林、复方奎宁等解热针痛药肌注；并选用抗生素和碘胺类药以防继发感染。也可选用复方吗啉胍或复方金刚烷胺，以及板蓝根、柴胡等中药治疗。还要配合病猪的护理，往往可收到良好的效果。

16. 李氏杆菌病

本病是由产单核细胞李氏杆菌引起的各种家畜及野生动物和人共患的传染病。在猪主要表现为脑膜脑炎、败血症和流产的特征。

(1) 临诊特征　为散发性,发病率很低,病死率较高,偶尔呈暴发季节。

败血型:多发生于仔猪,表现沉郁,口渴,食欲减少或废绝,体温升高。有的咳嗽、腹泻、皮疹、呼吸困难、耳部和腹部皮肤发绀,病程约1~3日,病死率高。而妊娠母猪则常发生流产,一般无临床症状。

脑膜脑炎型:多见于断奶后的小猪。表现神经症状,初期兴奋,无目的乱跑,或不自主地后退,头抵地不动,或步态不稳,共济失调;有的头颈后仰,两前肢或四肢张开呈观星姿势,或后肢麻痹拖地不能站立。严重的侧卧、抽搐,口吐白沫,四肢乱划,病猪反应性增强,给予轻微刺激就发生惊叫。

混合型:此型常见,多发生于哺乳仔猪,常突然发病,体温升高达41~42℃,吮乳减少或不吃,粪干尿少,病至后期体温降到常温,大多表现上述的脑膜脑炎症状。

(2) 防控方法　加强营养,搞好环境卫生,使猪群保持高水平的抗感染能力。及时隔离病猪治疗,消毒猪舍及其环境。另外可选用氨苄青霉素4~15毫克/(千克体重·次)加上庆大霉素1~2毫克/(千克体重·次),肌注,2次/日,连用3天。

17. 猪布氏杆菌病

本病是由猪布氏杆菌引起的一种慢性传染病。病的特征是妊娠母猪患病的,发生流产、子宫炎、跛行和不孕症;公猪患病后发生睾丸炎和副睾炎。

(1) 临诊特征　发病无明显季节性,母猪较公猪易感,尤其第一胎母猪发病率最高;阉割后的公母猪感染率较低,5月龄以下的猪易感性较低。母猪主要症状是流产,多发生在怀孕后第2~3月期间。流产的胎儿多为死胎,很少木乃伊化。少数母猪流产后引起子宫炎和不育;多数以后经交配能受孕,第二胎正常生产,极少见重复流产。但有的母猪乳房受害,严重的乳房发生化脓性或非化脓性肿块。有的发生关节囊炎和皮下组织脓肿。

(2)防控方法 猪群进行检疫,淘汰阳性猪或供食用。对阴性猪进行预防接种,用布鲁氏菌猪型二号冻干疫苗饮服两次,间隔30~45天,每次剂量为200亿活菌。免疫期1年。将流产胎儿、胎衣、粪便等深埋处理。对疫区、病场的基本公母猪进行定期检疫,逐步培育健康仔猪群,并注意防止工作人员感染。

18. 衣原体病

本病是人、兽、鸟类及家禽共患的传染病,是由鹦鹉热衣原体引起的一种接触性传染病,又称鹦鹉热或鸟疫。人呈现鹦鹉热;但是牛、羊、猪等表现为流产、结膜炎、多发性关节炎、肺炎、胸膜炎、心包炎、肠炎等症状。

(1)临诊特征 本病常呈地方流行性,大多数感染后为隐性感染。只是少数猪经过3~15天的潜伏期,才出现体温升高,食欲不振,仔猪有肺炎症状,有些猪表现结膜炎、腹泻、多发性关节炎。生殖系统感染后,公猪则出现尿道炎、龟头包皮炎、睾丸炎及附属腺体的炎症;母猪则发生流产、死胎和弱胎。

(2)防控方法 对疫区和受威胁的猪场可应用中国农业科学院兰州兽医研究所研制的猪衣原体性流产灭活疫苗进行预防。治疗多选用四环素或土霉素400克/吨饲料,连续喂服21天。对个别病猪可静脉注射强力霉素(脱氧土霉素)1~3毫克/(千克体重·次)每天1次,连用3~5天。

19. 破伤风

破伤风又名强直症,欲称"锁口风"。是由破伤风梭菌引起的一种人畜共患的急性中毒性传染病。

(1)临诊特征 本病多见于阉割、外伤及手术时消毒不严感染破伤风梭菌芽胞引起,呈散发,没有季节性和接触传染性,但是环境不卫生,湿热时多发。主要是肌肉强直性痉挛;流涎、牙关紧闭、行走困难。重时卧地不起呈强直状态、角弓反张,对外界刺激性增高。呼吸困难,病死率高。

(2)防控方法　阉割猪时,要消毒好。防止外伤及其感染。用5%酊碘或2%高锰酸钾液或3%过氧化氢液彻底清除伤口。同时用破伤风抗毒素20万~80万单位皮下或肌注;25%硫酸镁注射液等药物对症治疗。

20. 猪水疱病

本病是由猪水疱病病毒引起猪的一种接触传染性的病毒病。临床特征是在蹄、鼻、口腔黏膜和母猪的乳头周围出现水疱。临床上很难与口蹄疫、水疱性口炎、猪的水疱疹区别开,易发生误诊。此病在1970年以后相继在国内不同省区屡有发生。

(1)临诊特征　只感染猪,各种年龄、品种、性别的猪一年四季都可发病。发病率高,病死率很低。典型的病猪体温升高至40~42℃,在蹄冠、蹄叉、蹄踵出现水疱,水疱约米粒至黄豆大小,数目不等,经1~2天破溃,露出红色的破溃面,病蹄局部有热疼,跛行。若有细菌感染、局部化脓严重的可使蹄壳脱落,病猪趴卧。另外,约有5%~10%病猪的鼻盘、口腔黏膜、齿龈有水疱和溃疡。部分母猪乳房有水疱出现。本病一般经10~15天多趋自愈恢复。轻型的只有少数猪仅在蹄部发生几个水疱,全身症状轻微,传播缓慢,不易察觉。隐性型的猪不表现任何临床症状,但是,血清学检查,有滴度相当高的中和抗体,能产生坚强的免疫力,这种猪可能排出病毒,对易感猪有很大的危险性。

(2)防控方法　无本病的非疫区,禁止从疫区调入猪只与肉产品。尽力做到自繁自养。受威胁区和疫区要进行定期的免疫接种:猪水疱肾传代细胞弱毒苗,用于预防接种,对大小肥猪,均可在股部深部肌内注射2毫升,注苗后3~5天,可产生坚强免疫力,免疫期暂为6个月。该苗也可在发病疫区进行紧急接种,可迅速控制疫情;猪水疱细胞毒结晶紫疫苗对健康的断奶猪、育肥猪也具有免疫作用。

(二)禽类常见疫病的鉴别诊断

1. 大肠杆菌病

大肠杆菌病是由某些致病性血清型大肠杆菌引起的一类疾病的总称。

(1)临诊特征　急性败血症:多见于6~10周龄肉鸡。病鸡精神不振,体温升高,衰竭,排白色或绿色粪便,后突然死亡。剖检可见皮肤、肌肉淤血,血凝固不良,呈紫黑色,肺淤血,肠黏膜充血、出血,心包积液,心脏扩张,肝肿大呈紫红色,有时见灰白色坏死病灶。

(2)防控方法　一是加强饲养管理。二是防治原发病,尤其注意鸡新城疫、法氏囊病、球虫病、慢性呼吸道病、腹水综合征、产蛋下降综合征等疾病的防治。三是药物治疗,鸡群发生大肠杆菌病后或以往常有大肠杆菌病发生的鸡群,可以用药物进行治疗,但大肠杆菌对药物极易产生抗药性,药敏试验表明,青霉素、链霉素、土霉素、四环素等,药物治疗效果很差,不宜选用。

2. 传染性鼻炎

由鸡嗜血杆菌引起的一种急性呼吸道疾病。本病分布广泛,近年来发病率很高,是危害养鸡业的主要传染病之一。

(1)临诊特征　鸡病初发热,食欲减退,精神不振,打喷嚏。流清亮或黏稠的鼻涕。眼睑水肿,结膜发炎,一侧或两侧眼睛肿胀闭合,颜面及肉垂浮肿。病鸡呼吸困难,有呼呼噜声,甩头咳嗽。多数病鸡下痢,排绿色粪便。病雏或青年鸡发育停滞,蛋鸡产蛋率下降或停止产蛋。

(2)防控方法　一是加强饲养管理,防止病菌侵入;实行全进全出制。疫苗接种,疫苗可选用A型和C型菌混合油苗,50~60日龄首免,120~130日龄二免。二可选用下列药物: 0.05%~0.08%泰乐菌素饮水,连用3~5天。0.01%~0.015%状观霉素饮水,连用5~7天。0.005%环丙沙星、恩诺沙星饮水,连用5~7天。

3. 鸡白痢

鸡白痢是由鸡白痢沙门氏菌引起的传染性疾病,世界各地均有发生,是危害养鸡业最严重的疾病之一。

(1) 临诊特征　雏鸡:脐部发炎,2~3日龄开始发病、死亡,7~10日龄达死亡高峰。2周后死亡渐少。病雏表现精神不振、怕冷、寒战,羽毛逆立,食欲废绝,排白色黏稠粪便,肛门周围羽毛有石灰样粪便沾污,甚至堵塞肛门。有的不见下痢症状,因肺炎而出现呼吸困难、气喘,伸颈张口呼吸。患病鸡群死亡率为10%~25%,耐过鸡生长缓慢,消瘦,腹部膨大。病雏有时表现关节炎,关节肿胀,跛行或伏地不动。

育成鸡:主要发生于40~80日龄的鸡,病鸡多为病雏未彻底治愈,转为慢性,或育雏期感染所致。鸡群中不断出现精神不振、食欲差的鸡和下痢的鸡,病鸡常突然死亡,死亡持续不断,可延续20~30天。

成年鸡:成年鸡不表现急性感染的特征,常为无症状感染。病菌污染较重的鸡群,产蛋率、受精率和孵化率均处于低水平。鸡的死淘率明显高于正常鸡群。

(2) 防控方法　一是检疫净化鸡群。二是严格消毒。三是使用磺胺类、抗生素、喹诺酮类药物对本病有疗效,应在药敏试验的基础上选择药物,并注意交替用药。发病时可在饲料中加入0.03%复方磺胺-5-甲氧嘧啶,连用3~5天。或在饮水中加入庆大霉素4万单位/升水,新霉素0.008%,氨苄青霉素0.008%,氟哌酸、环丙沙星或恩诺沙星0.005%,连用3~5天。

4. 鸭传染性浆膜炎

本病是由鸭疫包氏杆菌引起的鸭急性败血性或慢性传染病,主要侵害1~8周龄的小鸭。

(1) 临诊特征　缩颈、下痢、共济失调、转圈抽搐、跛行等神经症状。剖检可见纤维素性气囊炎、肝炎、心包炎、腹膜炎、鼻窦炎、关节炎。

（2）防控方法　一是加强饲养管理。二是土霉素、多黏菌素B及磺胺类药物等对本病有良好的防治效果。在雏鸭易感日龄,饮水中添加0.2%~0.25%的磺胺二甲基嘧啶或饲料中加入0.025%~0.05%的磺胺喹恶啉进行预防性用药,可预防本病或降低本病的死亡率;或将土霉素按0.04%混入饲料连喂3~5天,能有效的控制发病和死亡。三是疫苗预防接种,目前国内外主要有灭活油乳剂苗和弱毒活苗两种。福尔马林灭活苗给1周龄雏鸭两次皮下免疫接种,其保护率可达86%以上,具有较好的防治效果。

5. 新城疫

新城疫又名亚洲鸡瘟,是由新城疫病毒引起的烈性传染病,是目前危害我国养鸡业的头号传染病。

（1）临诊特征　鸡发病急,有的突然死亡。病鸡发热,精神不振,伏地不动,翅下垂闭眼呆立。采食减少或废绝,排绿色或白色稀粪,嗉囊内充满酸臭黏液。病鸡张口呼吸,喘鸣音,呼噜声,鸡冠及肉垂暗红或青紫。病鸡群产蛋迅速下降,蛋壳褪色,粗糙,出现畸形蛋软皮蛋。病程长者常有神经症状,表现运动失调,转圈,扭颈,不能站立。成年免疫鸡群因有一定抵抗力常发生非典型新城疫,表现为呼吸困难,绿色稀粪,产蛋性能下降,有的表现神经症状,但死亡率很低。

（2）防控方法　一是搞好卫生消毒,加强饲养管理,防止病原侵入。二是疫苗免疫。三是药物治疗,目前对本病尚无特效疗法,要注意补充电解质多维素,用0.005%的氟哌酸、环丙沙星、恩诺沙星或0.001%强力霉素饮水,防治细菌继发感染。

6. 禽流感

又称欧洲鸡瘟,是由A型流感病毒引起的急性传染病。发病较轻时可引起鸡呼吸道症状、产蛋量下降,严重时可导致病鸡大批死亡。

（1）临诊特征　病鸡头部、眼睑周围肿胀,流泪,高烧,精神沉郁,鸡冠、肉垂肿胀、发紫、出血、坏死,下痢,排绿色粪便,有时抽搐,脚鳞有充血、出血斑。有的病鸡咳嗽,打喷嚏,呼吸困难,尖叫。

(2)防控方法　目前对本病尚无特效疫苗用来预防。鸡一旦发病,经确诊后应坚决彻底销毁,执行严格的封锁、隔离、消毒和无害化处理措施。建立严格的检疫制度,严禁从疫区或可疑地区引进鸡苗、种蛋或鸡制品。

7. 传染性喉气管炎

本病是由传染性喉气管炎病毒引起的一种急性呼吸道传染病,传播快,近年流行范围逐渐扩大,对养鸡业危害较大。

(1)临诊特征　病鸡呼吸困难,表现头颈伸直,张口呼吸,常发出咯咯声。病鸡剧烈甩头或不断咳嗽,常咳出血痰,若不能咳出,病鸡可窒息死亡。有的病鸡眼结膜发炎,红肿,眼有浆液性或脓性渗出物。产蛋鸡产蛋率下降,畸形蛋增多。

(2)防控方法　一是非疫区不提倡疫苗接种,重在隔离,消毒,防止病原侵入。疫区选用弱毒苗于鸡4～5周龄和12～14周龄两次点眼免疫。二是对病鸡主要是对症治疗和防止继发感染。可用平喘药如盐酸麻黄素每只鸡每天10毫克或氨茶碱每只鸡每天50毫克,拌料投服,以缓解症状;同时给病鸡饮用0.001%强力霉素,连用3天。个体治疗可选用氢化考的松或地塞米松与卡那霉素或其他抗生素配合,向病鸡口腔内滴注,每天1次,连用3天。

8. 传染性支气管炎

本病是由病毒引起的一种急性、接触性传染病。因毒株不同有呼吸道型和肾型之分。本病是危害养鸡业的主要传染病之一。

(1)临诊特征　病鸡呼吸困难,张口呼吸,有啰音或喘鸣音,咳嗽,流鼻液。母鸡产蛋下降20%～40%,出现畸形蛋、软皮蛋、砂皮蛋或拉出水样蛋白与卵黄。鸡感染肾毒株时,最初出现轻微的呼吸道症状,随后病鸡挤堆、厌食、排石灰水样稀粪,严重脱水,腿胫干瘪苍白,死亡率可达30%以上。

(2)防控方法　一是加强管理,科学饲养。二是适时接种疫苗:首免可在7～10日龄用H_{120}弱毒苗滴鼻,二免可在20～30日龄

用 H_{52} 毒力较强的弱毒苗滴鼻。预防肾型传染性支气管炎可于 7~10 日龄肌内注射肾型传染性支气管炎油乳剂苗,种鸡开产前再注射一次。三是目前对本病尚无特效疗法,可使用广谱抗生素控制并发感染。

9. 传染性法氏囊病

本病是由法氏囊病毒引起的一种急性传染病,它除可导致易感鸡死亡外,还可引起鸡体免疫抑制。本病是危害养鸡业最严重的传染病之一。

(1)临床症状 发病突然,病鸡沉郁,缩头乍毛,呆立不动。乳白色水泻,脱水。出现症状后 2~3 天为死亡高峰,群体病程一般不超过 2~3 天,新疫区死亡率最高,流行数年后死亡率渐低。病鸡常继发感染新城疫、大肠杆菌病、球虫病等。

(2)防控方法 一是加强管理,科学饲养。二是搞好种鸡免疫,提高母源抗体,2~3 周龄弱毒苗饮水;4~5 周龄中毒苗引水;开产前油佐剂活疫苗肌内注射。三是鸡发病后及时注射高免血清或高免卵黄抗体(若病情不很严重则尽量不用);病鸡口服补液盐或电解质多维素以缓解脱水和肾功能衰竭带来的危险;用广谱抗生素(如庆大霉素 2 万~4 万单位/升水、喹诺酮类药物 0.005% 饮水)防止继发感染,另外还要注意防治新城疫与球虫病的混合感染。

10. 马立克氏病

本病是由乙型疱疹病毒引起的一种肿瘤性疾病,是危害商品蛋鸡与种鸡的最严重的传染病之一。

(1)临诊特征 病鸡精神沉郁,食欲不振,逐渐消瘦,贫血,面部苍白,鸡冠不发育或萎缩,下痢,最终衰竭死亡。神经型:病鸡表现明显的神经症状,一侧或两侧肢体不全麻痹,不能站立,常呈劈叉姿势。如侵害迷走神经或臂神经时,可见颈软、嗉囊膨大或翅下垂。眼型:临床上较少见,常为一侧失明,虹膜褪色,瞳孔缩小,边缘不整。皮肤型:较少见,往往在禽类加工厂屠宰鸡只时褪毛后才发现,主要表现为毛囊肿大或皮肤出现结节。

(2)防控方法　种鸡净化、种蛋及孵化室严格消毒,防止雏鸡在孵化室内感染。加强免疫预防,要选择质量可靠的疫苗,同时要注意疫苗的保存和正确使用。鸡出壳后尽早免疫,防止漏免。育雏舍消毒净化,采用封闭式育雏。病鸡无治疗价值,确诊后应尽早淘汰。

11. 鸡痘

本病是由鸡逗病毒引起的一种接触性传染病。

(1)临诊特征　一是皮肤型:在鸡冠、肉垂、眼睑、喙角、头后、颈部、翼下、腹部及腿部等无毛或少毛部位的皮肤,发生一种灰白色小结节,结节硬实,逐渐增大至绿豆或豌豆大,邻近的痘疹互相融合,痘疹也渐变为黄色、棕黄色或棕褐色结痂。常表现结膜炎(流泪、眼睑粘连)、眶下窦炎、颜面部肿胀、鼻炎(有鼻汁流出)。二是黏膜型:外观皮肤无痘疹,只表现鼻炎、呼吸困难,严重时窒息死亡。三是混合型:本型是指皮肤和口腔黏膜同时发生病变,病情严重,死亡率高。

(2)防控方法　一是加强管理,科学饲养。二是疫苗接种(商品蛋鸡或种鸡)。三是隔离病鸡进行对症治疗。对皮肤型鸡痘,可在病变部皮肤涂碘酊、红汞或紫药水。对白喉型鸡痘,可用镊子将口腔黏膜的假膜剥掉,用1%高锰酸钾涂抹患处。投服抗生素防止继发感染,补充电解质多维素,使病鸡尽快康复。对鸡群立即作紧急接种,注意带鸡消毒和驱杀蚊虫。

12. 球虫病

本病是危害养鸡业最严重的疾病之一,可造成巨大的经济损失。是由多种鸡艾美耳球虫寄生于鸡的肠上皮细胞,以出血性肠炎为特征的原虫病。本病主要靠药物预防,预防期长(如肉仔鸡全程预防),易产生耐药性。

(1)临诊特征　急性型:多见于雏鸡。病鸡精神委顿,闭眼缩颈,食欲下降或废绝,后期因中毒而出现共济失调,甚至昏迷、抽搐。病鸡排稀粪,粪中带血;患盲肠球虫病的鸡则排出大量鲜红色血便,小肠球虫病排泄黏稠血便或棕红色粪便。病鸡贫血,鸡冠苍白,于感染后 4~7 天死亡,死亡率 50%~70%。慢性型:病鸡食欲下降,消瘦,贫血。鸡病初排水样粪便,粪中混有未消化的饲料,后期排黏液样粪便,或粪便细长呈面条状。

(2)防控方法　一是加强管理,科学饲养。二是防治球虫病的药物很多,最初应用都有良好疗效,但球虫对药物易产生抗药性,若长期应用一种药物,疗效会明显降低,所以用药时要注意不断更换或联合用药。

13. 组织滴虫病

又称盲肠肝炎、黑头病,是由火鸡组织滴虫寄生于鸡的肝和盲肠引起的一种急性原虫病。

(1)临床特征　病鸡精神不振,食欲下降或废绝,身体蜷缩,怕冷嗜睡。下痢,排泄富有泡沫淡黄色或淡绿色的恶臭粪便,有时粪便带血。患病末期的鸡尤其是火鸡头面部皮肤变成蓝紫色或黑色。肠黏膜发生坏死和溃疡。急性病例,盲肠发生急性出血性肠炎,肠内含有血液。肝肿大,肝表面可见大小不等的坏死斑,坏死斑呈黄绿色或灰绿色,中心稍凹陷,边缘稍隆起,有时许多小坏死斑连在一起呈花环状或连成大片溃疡区。

(2)防控方法　一是加强管理,科学饲养。二是可在饲料中添加量为 0.025% 的灭滴灵(甲硝哒唑),连喂 5 天为一疗程,停药 3 天,再喂一个疗程,有良好疗效。

14. 痛风

本病是由于尿酸盐沉积于内脏器官或关节腔而引起的一种代谢性疾病。

(1)临诊特征　内脏型:此型较为常见。病鸡精神委顿,食欲不振,排泄乳白色水样粪便,贫血,爪因脱水而干瘪,最后衰竭死亡。关节型:病鸡运动迟缓、跛行,关节肿大、变形内脏型与关节型有时同时发生。

(2)防控方法　审查饲料配方,适当减少蛋白质的含量,补充维生素,特别是维生素 A 和维生素 D。供给充足的清洁饮水和新鲜青绿饲料,增加鸡的活动量。查清是否因其他疾病(如传染性支气管炎、法氏囊病菌、霉菌毒素中毒等)导致肾机能障碍后继发,以便及时治疗原发病。

(三)奶牛常见疾病的诊断与防治

1. 乳房炎

乳房炎是奶牛多发病。20%~60% 的经产奶牛都发生过乳房炎。80%~90% 的病例是金黄色葡萄球菌及链球菌感染所引起。饲喂高蛋白的牛群易发。

(1)临诊特征 乳房发炎后,泌乳减少,乳汁变质。随炎症性质可分为浆液性炎、卡他性炎和纤维素性炎,乳房红肿热痛,泌乳减少,还可能出现全身症状。延误治疗则转为慢性化脓性炎。多数会造成乳房硬结、萎缩,一区或多区失去泌乳功能,有的可因乳池炎引起乳池狭窄或闭锁,个别还会继发乳房坏疽或患牛死亡。

(2)防治方法 一是初期处在红肿热痛阶段可施行冷敷。后期可施行 2~3 次热敷。二是乳房内冲洗对各类乳房炎的治疗均可产生良好的效果。冲洗前应先消毒乳头并将乳房内积乳尽量挤干净,每个乳头先用 1%~2% 小苏打水冲洗后再注入抗菌药。三是对化脓性乳房炎,脓肿位于皮下浅层的应尽早切开排脓,若在深层则用注射器抽出脓汁,然后注入抗菌药。四是保持圈舍及乳房卫生,正确挤乳,加强饲养管理。

2. 酮血症

该病又称酮病。是由于碳水化合物和挥发性脂肪酸代谢障碍,酮体(乙酰乙酸、丙酮和 β-羟丁酸)蓄积于血液和组织内所引起的疾病。

(1)临诊特征 多发生于缺乏运动的饲喂富含蛋白质和脂肪的高产舍饲奶牛。多发生在 4~9 岁间营养良好的高产奶牛,常于分娩 1 周后发病。主要症状是食欲减退、体况下降、产奶量减少。神经症状表现为先兴奋后抑制。后期多见营养衰竭、消瘦,四肢瘫痪,卧地不起,有时呈半昏睡状态。病牛呼出的气体及乳、尿中均含有酮类气味(似氯仿的芳香味)。若不及时救治,终因长期卧地不起而淘汰。

(2)防治方法 一是必须尽快增加血糖水平。为达此目的,静注25%~50%葡萄糖500~1 000毫升,每日2次,连用2~3天。也可选丙酸钠、丙二醇或甘油口服。二是静注3%~5%碳酸氢钠注射液300~500毫升或11.2%乳酸钠注射液250~500毫升,以缓解酸中毒。三是平时要加强饲养管理,保证满足各种生产状态下的能量需要,合理搭配饲料,多喂富含醣类饲料及优质青(干)草和多汁饲料。四是牛群应有适当运动和日光照射。

3. 前胃弛缓

该病是由于前胃收缩力和兴奋性降低,致使前胃内容物排出延迟所引起的疾病。主要是由于饲养管理不当如饲料突然改变、饲料配合调制不当、饲料品质不良和饮水不洁所引起。

(1)临诊特征 病牛食欲、反刍及嗳气减少或停止,产奶量下降、精神沉郁。瘤胃蠕动减弱,嗳气恶臭。直肠检查或触压瘤胃,手感胀满但不坚实。体温、脉搏一般正常。少数急性病例在停食2~4天后可不治自愈,但大多数病例若不及时治疗则会转为慢性,病牛进行性消瘦,泌乳停止,体况恶化、衰竭、卧地不起而死亡。

(2)防治方法 一是禁食1~2天,配合瘤胃按摩,促进瘤胃功能恢复。二是药物治疗的目的是兴奋瘤胃蠕动(瘤胃兴奋药),防止异常发酵(制酵药),排除病原性内容物(泻下剂),促进食欲及反刍恢复。三是瘤胃灌洗法对该病具有重要作用。

4. 瘤胃积食

是奶牛的一种急性病,其特征是消化不良,瘤胃中食团积滞、酵解。豆谷类精饲料所致的积食常引起中枢神经系统受害,发生脱水和酸中毒、运动失调、虚脱等。过量采食富于淀粉类及块根类饲料后被瘤胃内某些革兰氏阳性菌如牛链球菌分解产生大量有机酸,抑制甚至杀死了分解、利用纤维素的纤毛虫及利用乳酸盐的微生物,是本病发生的重要原因。瘤胃中乳酸被吸收后导致机体酸中毒。乳酸对瘤胃黏膜的刺激可导致化学性瘤胃炎。

(1)临诊特征　急性病例在采食后12小时内发病。最初症状是精神兴奋,因腹痛而用后腿踢腹。其后精神沉郁,不愿走动,呼吸急迫,常有呻吟,食欲完全停止,饮水减少。严重病例步态蹒跚,行走不稳,视力不清,不避阻碍。病程延至48小时以上时,病牛常卧地不起呈产后瘫痪姿势,对各种反应迟钝,呈昏睡状态。多数有严重脱水及酸中毒症状。预后不良,若不予治疗可在72小时内死亡。

(2)防治方法　可采用治疗瘤胃弛缓的方法,禁食泻下,灌洗排除瘤胃内容物配合使用瘤胃兴奋药。增高血液碱储,减少自体酸中毒。

5. 生产瘫痪

又叫乳热症,是母牛分娩前后突然发生的严重代谢疾病。此病主要发生于产后3日内的高产奶牛,多发生在3~6胎。饲料中钙、磷供应及肠道吸收和内分泌功能失调,加上胎儿生长及乳汁分泌消耗大量的钙,使血钙浓度急剧下降是本病发生的重要原因。

(1)临诊特征　其特征是知觉丧失及四肢瘫痪。病初食欲减退或废绝,反刍、瘤胃蠕动及排粪排尿停止。产奶量下降。精神沉郁,表现轻度不安;也有在出现不安后即呈现惊慌、哞叫、狂暴,目光凝视等。初期症状出现数小时后患牛即瘫痪在地。不久出现意识抑制和知觉丧失。病牛躺卧姿势特殊,即四肢屈于体下,头向后弯于胸部一侧或头颈部呈"S"状弯曲。体温降低是此病又一特征。对此病若不及时治疗很少能够恢复,大多在12~24小时内病情恶化,最终因呼吸衰竭而死。

(2)防治方法　一是尽快使血钙恢复到正常水平。常用20%~25%硼酸葡萄糖酸钙注射液(含4%硼酸)500毫升,静脉注射(时间不应少于10分钟)。或用10%葡萄糖酸钙1 000毫升,或5%氯化钙500毫升,缓慢静脉注射。二是使用乳房送风器向乳房内打气,使乳房内压力增高,减少泌乳以减少体内钙的消耗。三是建议在产前两周开始饲喂低钙高磷饲料以刺激甲状旁腺的机能,促进甲状旁腺的分泌,从而提高吸收和动用骨钙的能力。饲喂维生素D,产后及时增加日粮中钙、磷含量,可减少发病。

6. 子宫炎

是由于牛在分娩时或产后期护理不当(如助产不当),胎衣不下,子宫脱出以及配种时的感染,引起子宫黏膜发炎。

(1)临诊特征　脓性卡他性子宫内膜炎是黏膜表层的炎症。子宫内有脓性分泌物流出;伪膜性子宫炎是由于黏膜深层也受到损害,子宫内有纤维素性渗出物,严重时可使子宫肌层坏死。病牛全身症状明显,体温升高,食欲减少,精神沉郁。慢性化脓性子宫炎都是由急性转变而来,临床上一般无外观症状,但患牛发情不规则,有的虽有发情和排卵,但屡配不孕。即使受孕,常在怀孕早期流产。对牛群繁殖影响很大。

(2)防治方法　一是制止感染扩散,清除子宫腔内的脓性分泌物,提高子宫紧张度及子宫的自净能力。先用药液冲洗,然后按摩(通过直肠),尽量排净宫腔内冲洗液,再注入抗菌剂及子宫收缩药。二是该病在于搞好环境卫生,及时而合理治疗原发性疾病。

7. 腐蹄病

是奶牛常发的蹄病。饲养管理不当,牛运动不足,是其诱因。主要由于牛床及运动场铺设不平,蹄底过度磨损,异物刺伤而被坏死杆菌和化脓菌感染,加之蹄部经常浸泡于粪尿污水之中,促使该病发生。

(1)临诊特征　患蹄肿大发热,趾间皮肤充血肿胀,创口感染溃烂,并有恶臭的炎症分泌物排出,继而蔓延至蹄冠、蹄后部,亦可侵害腱、韧带、关节,形成化脓性炎症。有时蹄底溃烂,形成大小不等的空洞,其中充满污灰色或黑褐色坏死组织及恶臭的脓液。病多发于两后蹄。若仅一蹄患病,牛常将患蹄提起,以健蹄跳跃行走,影响采食,奶量下降。若两后蹄患病,牛则喜卧而不愿行动,不愿站立,自然更加影响运动采食、产奶和繁殖,往往被迫淘汰。

(2)防治方法　如有跛行及蹄部异常时即检查蹄部,尤其要洗净检查蹄底蹄叉,轻度腐蹄病仅限于浅层时,用3%~5%高锰酸钾羊毛脂软膏涂敷;蹄部肿胀、跛行明显时,应用1%高锰酸钾液温脚浴疗法;若蹄底已烂出空洞并有脓液及坏死组织时,可用消毒液洗净蹄部,用剪刀或锐匙将坏死组织彻底清除再用5%浓碘酊消毒,撒上抗菌药,外用福尔马林松馏油棉塞塞上,包扎上绑带。后再用防水塑料布包住蹄部,2~3天换药一次。同时加强饲养管理,注意厩舍和运动场的清洁、卫生和干燥。

8. 焦虫病

牛焦虫病是由双芽巴贝斯虫的寄生而引起的血液原虫病,虫体寄生于牛的红细胞内。其形状有环形、椭圆形、梨形和变形虫形等。梨形虫体长度大于红细胞半径,两个虫体常将其尖端成锐角相连。

(1)临诊特征　本病潜伏期为8~15天,有时更长些。首先表现为体温升至40~41.5℃,呈稽留热,可持续1周或更长。病牛精神沉郁,食欲下降,反刍停止。贫血明显,可有75%红细胞被破坏,通常有血红蛋白尿出现。在病初,红细胞染虫率一般为10%~15%,轻微病例则只有2%~3%,有的很难找到。急性病例在4~8天内,不加治疗时,死亡率可达50%~90%。凡有从外地引进牛的牛场均应密切关注此病,一旦出现体温升高并能在血片中查出虫体即按此病治疗。即使查不出虫体也按此病治疗,有利无害。

(2)防治方法　对此病已有特效治疗药如贝尼尔、拜尔205、黄色素等,只要及时、正确应用,均可取得满意效果。

9. 结核病

是由结核杆菌引起的人畜共患的慢性传染病。病原菌在肺部组织中寄生形成结节,随后变为干酪样坏死,形成空洞。患者渐进性消瘦、衰弱,除肺部外,还有乳房结核、淋巴结核、肠结核等。结核杆菌按其致病性可分为人型、牛型和禽型,但各型之间可相互感染。人可通过空气及食用被污染的牛奶或其他食物而被感染。

(1)临诊特征 牛感染结核病经过缓慢,由于患病器官不同,临床症状各不一致。肺结核初期咳嗽短粗、干咳,继之咳嗽频繁,呈湿咳带痛,鼻漏呈黏性或脓性,呼吸次数增加,听诊有干性或湿性罗音,叩诊胸部呈浊音或半浊音区。病牛呈渐进性消瘦、贫血、乳量减少。

乳房结核乳上淋巴结肿大,无热无痛,后乳区可发生无痛性硬固肿大,乳量减少,乳汁稀薄,有的病牛乳房发生萎缩;生殖道结核从阴道内排出白色或黄色混浊黏性、脓性液体,内含絮状物,子宫角增大,母牛发情频繁,性欲增强,屡配不孕或孕牛发生流产;肠结核肠系膜淋巴结肿胀,疝痛,病畜食欲不振,病初腹泻或与便秘交替,后呈持续性腹泻,粪呈稀粥状,混有黏液或脓液。

(2)防控方法 加强防疫、定期检疫是防治的有效措施。病畜污染的牛棚、用具用20%漂白粉、5%来苏儿消毒。可疑牛于检疫后的2个月复检,凡两次可疑者可判为阳性,结合相关药物进行治疗;无症状的结核阳性牛可在一偏僻场地集中饲养。

10. 布鲁氏菌病

是布鲁氏菌引起的人畜共患的慢性传染病。奶牛对布鲁氏菌最为易感。人感染布鲁氏菌后出现弛张热,身体困倦、乏力,生活、工作能力下降,病情非常顽固,很难治愈。

(1)临诊特征 其临床特点为长期发热、多汗、关节痛及肝脾肿大等。本病主要侵害动物生殖器官,引起胎膜发炎、流产不育以及睾丸炎等,妊娠母牛出现流产或早产,故又叫传染性流产,并常引起子宫炎;公牛感染后发生睾丸炎,造成无精子症而影响生殖能力。

(2)防控方法 一是发现疫情及时上报。二是做好牛场的消毒工作。布鲁氏菌对常用的消毒药比较敏感,做好消毒工作尤为重要。普通的消毒药如1%~3%的石炭酸溶液3分钟就可杀死布鲁氏菌,2%的福尔马林溶液15分钟可将其杀死。另外,使用3%的漂白粉溶液,20%的石灰乳、氢氧化钠溶液消毒效果都很好。对被病牛或阳性牛污染的场所、用具和物品要进行严格地消毒。饲养场的金属设施、设备可采取火焰、熏蒸等方式消毒;牛场场地,可采用20%石灰乳、10%漂白粉乳剂,圈舍可用3%来苏儿喷洒消毒。三是做好布鲁氏菌病菌苗接种措施。

三、养殖环境对动物生产和发病的影响

随着社会经济的发展,我国畜牧业生产取得长足进步,已经成为世界第一畜产大国。虽然我国畜牧业产量很高但是产品品质与畜牧业强国还有一定差距,产品的出口量很低。影响畜禽产品出口的一个很重要的原因,就是由于对养殖生态环境的控制比较差。

(一)选址与布局

养殖场的场址选择和合理布局是疫病防治的关键因素之一。选择通风、向阳、高燥的地势,构建合理的局部理论是通过多年的生物安全实践总结出的。配套良好的水、电、暖、路,水质无污染,排污方便也是符合动物防疫要求和无公害食品安全生产要求。

1. 猪场的选址与布局

猪场的布局、选址、污染处理一直是猪场管理必须严格和慎重考虑的几个方面。要妥善解决这些关键点,首先要摒弃传统的选址和污染处理观念,跟上猪业发展的步伐,从生态、环保、猪群健康的角度做好猪场管理。

传统上,猪场的选址多注意避开周围环境对养猪生产不利的影响。例如,避开人类在猪场附近的频繁活动、噪声,工业尘埃及废气等,选择地势高燥、背风向阳、水质好、交通便利等条件,但是也应该考虑猪场本身对周边环境的影响。从规模化养殖业可持续发展的角度,必须考虑猪场对周围环境的相互影响,如猪携带的人

畜共患传染病,猪场排泄物中的二氧化硫、氨气等臭味,排泄物中存留的大量氮、磷、重金属、药残等对土地、水源和空气的污染等会成为猪场新的污染源,可以形成恶性循环从而不利于疾病的预防和治疗。

所以猪场的选址布局要充分考虑周边的农业生产状况,为粪污找出路,力求实现种养平衡、养猪业与农业的良性循环。单个猪场的规模不宜过大,猪场与猪场间的布局不应过密。

2. 鸡场选址与布局

家禽集约化养殖生产造成的污染与其畜禽舍的地理位置和规模大小都有着直接的关系。良好的养鸡场环境条件应该保证场区具有较好的小气候条件,有利于禽舍内空气环境的控制,还要便于严格执行卫生防疫制度和措施。在选择禽舍的时候应尽量选在靠近农田、菜地,远离城郊的地方,地势高燥、向阳避风,以保持场区小气候温热状况相对稳定,以便粪便能方便地运输到农田、菜地当中,及时地被利用,并根据周围农田的多少调整养殖规模,而不致于使土壤由于大量使用家禽粪便而蓄积过多的磷。在建筑设计禽舍的时候,还应考虑到能够最大限度地把粪便中的固形物和非固形物分开,以便使固形物得到合理和充分的利用。

目前,我国养鸡在品种、饲料和疾病防制技术上同养鸡业发达国家差距逐渐缩小,而在环境与设施方面差距就相当大。目前国内北方地区商品肉仔鸡80%以上饲养在塑料大棚或简易鸡舍,冬不保暖,夏不防暑,空间较小,通气性很差,鸡的成活率无法保障。肉种鸡及蛋鸡鸡舍环境与设施也相当简陋,布局也极不合理。造成排污困难、场地污染严重、苍蝇多;夏季遇到高温,经常出现热死鸡现象,受精率及产蛋率显著降低;冬季鸡舍寒冷,呼吸道疾病时有发生。目前国内90%左右鸡场设计不够合理,采用设计不合理的鸡场用最好的品种、饲料及药物疫苗也无法达到应有的生产水平。

3. 奶牛场选址与布局

选择场址要考虑到充分利用自然资源,有利于奶牛场的生产与发展、环境保护等方面。场址选择应远离村庄和交通要道。场址距其他畜禽场1 000米以上,距村庄、主要交通要道500米以上,一般距道路200米以上。场内土质要坚实、渗水性强,一般为沙质土为宜。地势要高燥平坦,排水良好。水电供应条件便利,水源无污染,电供应稳定、有保障。场址附近有比较宽裕的饲料基地。一是能够就近提供优质饲料,二是能够充分利用场内生产的粪尿肥料。

根据奶牛场的规模,一般场内布局应分5个区:即管理区、生产区、辅助区、病畜隔离区和粪便处理区。

管理区: 应设在生产区的上风处,并与生产区严格隔开。管理区为全场生产指挥、对外联系、管理部门的办公所在地。

生产区: 主要包括成年牛舍、产牛舍、犊牛舍、挤奶台等设施区。

生产辅助区: 为全场饲料调制、贮存加工、设备维修等部门。生产辅助区可设在管理区和生产区之间,面积根据实际情况决定。

病牛隔离区: 病牛隔离区必须远离生产区,四周砌围墙;专门设粪尿池,严格控制病牛与场内健康牛接触,以防止疫病传播。

粪便处理区: 粪便处理区应设在生产区的下风处,并尽可能远离牛舍。

(二) 温热的影响

1. 温热与疾病的关系

温热会影响畜禽对传染性疾病的抵抗力和被动免疫力,冷应激和热应激都会使畜禽的抗病力下降,从而使一些非病原性微生物引起疾病。冷热应激原可引起如冻伤、热痉挛、热射病、日射病、支气管炎、肺炎、肾炎等。

适宜的温度和湿度有利各种病原体和媒介昆虫类的生存和繁殖。低温较有利于禽流感、新城疫病毒的存活;夏季炎热,是蚊、蝇、虻、蜱等吸血昆虫大量繁殖的季节，可通过吸血引起疾病的发生和传播。在高温高湿条件下，尤其在相对湿度70%以上时，能促进病原性真菌、细菌和寄生虫的发育，机体的抵抗力减弱，各种发病率增加，死亡率也增加。但在温度适宜或偏高环境中，高湿有助于灰尘下沉，使空气较为干净，对防止和控制呼吸道感染有利，肺炎的发病率下降。

空气过分干燥，特别是高温情况下，能使皮肤和外裸黏膜发生干裂，减弱皮肤和外裸黏膜对微生物的防卫能力。相对湿度在40%以下时，易引起呼吸道疾病。比如，低湿使家禽羽毛生长不良，是家禽啄癖发生的先兆。冬季低温导致肉鸡的腹水症发生率大幅度增加。

2. 对动物采食量的影响

一般而言，环境温度降低，动物采食量增加；反之则采食量下降。温热环境对动物采食量影响的机制还不太清楚，可能与甲状腺素、肾上腺素等激素分泌增加、体内能量平衡及体温变化有关。此外，环境温度不仅直接影响反刍动物牧草的采食量，还加快牧草的老化，从而也间接地影响反刍动物对牧草的采食量。

温热环境影响动物采食量的程度与动物品种、性别及体重等因素有关。实验表明环境温度对采食量的影响程度因猪体型大小而异。温度高于温度适中区时，重型猪的采食量降低程度大于轻型猪。因为轻型猪的体表面积与体重的比率较大，能相对散失更多的热量。

温度在18~21℃外，每上升或下降1℃，生长鸡和产蛋鸡的采食量相应降低或增加1.6%~1.8%。鸡对温度变化能产生适应，一旦适应后，环境温度对采食量的影响程度大大减少。经总结大量文献资料发现，环境温度从26℃升高到29℃，蛋鸡采食量下降较小，温度继续升高到32℃，采食量明显下降。

温度在15~25℃外，低于15℃，肉牛采食量增加2%~25%；高于25℃，采食量降低3%~35%。饲粮为60%~65%优质粗料和

35%~40%精料时,奶牛在25~27℃采食量开始下降,在40℃时的采食量比18~20℃时低60%。

3. 对养分利用的影响

温热环境通过影响动物采食、消化、代谢及产热来改变养分用于机体维持和生产的分配比例,影响饲料能量的利用效率。在温度适中区,饲料能量用于机体维持的比例最少,用于生产的能量最多,能量效率最高。在冷应激区,饲料能量用于机体维持的比例增加,用于产品合成的比例减少,最终导致能量利用效率降低。在热应激区时,维持能量需要减少,用于生产部分的能量因代谢增强而减少,但能量利用率降低不太明显。

4. 对家禽生殖生产的影响

气温的季节性变化影响动物的性活动,气温过高会降低家禽的繁殖性能。高温会使家禽精液质量下降,射精量减少,使活精子数与精子总数的比例降低。公鸡的精液质量和睾丸组织有明显的季节性变化,春季最好,夏季最低,但低温也延长育成公鸡精子生成的时间。

高温对母禽生殖的不良影响主要在交配前后一段时间内,是引起胚胎死亡的关键。高温对胚胎影响的严重性决定于动物在热应激下体温升高的程度和持续时间。母鸡1~3月份所产的蛋受精率最高,6月份最低,气温过高、过低还影响种蛋的孵化率。

(三)光照与噪音的影响

1. 光照

在自然条件下,光照对马、驴、绵羊、山羊的繁殖都有一定的影响,而光周期对产蛋鸡生产性能影响更大。

(1)光照可促进雏鸡熟悉环境和延长采食时间,常采用23小时光照1小时黑暗的光照制度;

(2)合理光照可控制鸡的性成熟。光照减少延缓性成熟,使鸡的体重在性成熟时达标,提高产蛋潜力,而增加光照缩短性成熟时间,使鸡适时性成熟;

(3)增加光照并维持相当长度的光照时间(15小时以上),能保证母鸡正常排卵和产蛋,使母鸡获得足够的采食、饮水和休息时间,提高生产效率;

(4)通过合理光照控制公鸡体重,适时性成熟,20周龄后15小时的光照,有利于精子生产,增加精液质量;

(5)调节光照强度控制鸡的活动性,光照太强浪费电能,使鸡显得神经质、易惊群,活动量大,易发生斗欧和啄癖。光照过弱,影响采食和饮水,起不到刺激作用,影响产蛋量。此外,一定要注意使鸡舍内光照均匀。

2. 噪声

持续的噪声会影响畜禽的内分泌系统,影响生产性能,严重者可以致病。突然的噪声会使畜禽受到刺激,特别是一些虚弱或者有轻微神经症的畜禽病情加重,比如突然性的噪声可使鸡产生暂时性坠蛋现象,噪声也会使家禽受惊,引起损伤。但低强度的轻音乐能使鸡群保持安静,减少惊群发生率。

(四)污染的影响

1. 污染物的特点

养殖环境中的污染物可以通过大气、水、土壤和食物等多种途径危害饲养动物,可以在短时间内使整个养殖场受到危害。当污染物浓度较低时,动物机体在短时间内不会有异常反应,容易被管理人员忽视。但是,长期在低浓度污染的环境中生活的动物,机体会逐渐受到危害,如出现受精率、产蛋率下降等。当有多种污染物同时存在时,其影响程度更大,饲养动物可能出现一系列病理反应。

如果在建造养殖场时对排污设施和治理重视不够,年复一年,养殖场的环境污染越来越严重。环境一旦受到污染,特别是污染土壤和水源后,有害物质可能长期滞留其中,治理很困难。

2. 养殖环境污染对饲养动物健康的影响

(1)氨气 动物粪便中的尿酸和未消化的蛋白质在微生物作

用下生成氨气,可以直接危害饲养动物的呼吸道,在氨气浓度较高的条件下,会引起动物免疫机能下降。鸡对氨特别敏感,氨对鸡产蛋性能有严重的影响,当禽舍内氨气的浓度大于 20.0 毫克/升时,在这种环境中饲养 6 周的鸡或者火鸡,即可出现肉眼可见的病理变化,而且鸡对新城疫病毒更易感;空气中高浓度的氨严重损伤猪的呼吸道黏膜的防御功能,并可引起中枢神经系统麻痹、组织溶解坏死。在寒冷地区,冬季为了保温取暖,常紧闭门、窗(尤其夜间),舍内通风换气不良造成氨大量滞留,对人畜造成危害。因此,有的国家规定畜舍内氨的最高浓度为 26 毫克/升,鸡舍中氨的最高浓度为 20 毫克/升。

(2)一氧化碳 冬季在密闭式畜舍内生火取暖时,如煤炭燃烧不完全,特别是在夜间,可能产生一氧化碳中毒,一氧化碳对神经、血液系统具有毒害作用。

(3)微生物 畜禽舍内空气的致病性微生物是呼吸道传染病传播的重要原因。致病性微生物主要是通过 3 种方式传播疫病:一是病原性微生物附着于尘埃微粒上传播疫病;二是病原性微生物附着在畜禽鼻腔和咽喉,通过咳嗽和打喷嚏形成飞沫污染畜禽舍空气引起疫病的传播;三是病原性微生物附着于气溶胶中传播。综上所述,对饲养环境进行消毒是控制饲养动物传染性疾病的关键措施,消毒方式主要有空气消毒、饮水消毒、垫料消毒和食物消毒。

(4)空气微粒 畜禽舍内的微粒,一部分由舍外进入,另一部分在饲养管理过程中产生。微粒降落在畜禽体上,可以与皮脂腺的分泌物、细毛、皮屑、微生物等混合在一起,黏在皮肤上,使皮肤发痒,甚至发炎,还能堵塞皮脂腺和汗腺的出口,使皮肤干燥脆弱,易遭损伤和破裂。大量的微粒可被畜禽吸入呼吸道,引起气管炎和肺炎。如果舍内空气湿度较大,微粒可吸收空气中的水汽和部分氨形成混合微粒,如沉积在呼吸道黏膜上,可使黏膜受刺激,引起黏膜损伤,微粒越小,危害性越大。

四、兽药市场营销知识

(一)市场营销简史

对于市场营销的概念,菲利普·科特勒教授有过精辟的阐述,他认为:市场营销是个人或组织通过创造并同他人或组织交换产品和价值以获得其所需所欲之物的一种社会活动过程。市场营销学是20世纪初发源于美国的一门"接近实务"的应用科学,是在经济学、行为科学、现代管理学等科学理论的指导下,对近百年来西方工商企业市场营销实践经验的概括和总结。在某种意义上,市场营销不仅是一门科学,而且是一门艺术。

营销的真正内涵是使销售成为多余,只要能认清客户的需要,开发出适当的产品,做好有效的定价、分销和推广及服务活动,销售就应该是一件轻而易举的事情。市场营销的核心观念是"交换"。交换一是符合卖方目标,二是符合买卖双方互利的原则,即所谓"赢—赢游戏"。这对于那些不择手段牟取暴利的营销员应是一副很好的清醒剂。优秀的兽药经销员要靠正当的竞争,靠智慧来获胜和获利,这样才能有长远的前途。

市场营销从19世纪末到现在,经历了5个发展阶段。

一是生产观念阶段,也称为生产中心论。大约处在19世纪末的20多年和20世纪初的20多年中。这种观念认为,消费者或用户欢迎的是那些买得到而且买得起的产品。因此,企业应组织自身所有资源、集中一切力量提高生产效率和分销效率,扩大生产,降低成本以拓展市场。

二是产品观念阶段。在20世纪30年代以前,不少西方企业广泛奉行这一观念。这种观念认为,消费者会欢迎质量最优、性能最好、特点最多的产品,因此,企业应把精力集中在创造最优良的产品上,并不断精益求精。这种产品观念会引起所谓的"营销近视症"现象,即不适当地把注意力放在产品上,而不放在需要上。

三是销售观念阶段。这种观念产生于从卖方市场向买方市场转变的时期。这一观念认为,消费者通常表现出一种购买惰性或者抵触心理,故需用好话去劝说他们多买一些,企业可以利用一系列有效的推销和促销工具去刺激他们大量购买。

四是市场营销观念阶段。这一观念形成于20世纪50年代以后,这个时期资本主义发达国家的市场已经变成名副其实的供过于求、买主处于主导地位的买方市场。同时,由于科学技术发展,社会生产力迅速提高,消费者的需求向多样化发展。在这种背景下,企业意识到实现营销目标的关键在于正确地掌握市场的需求,具体表现是顾客需要什么,就卖什么,而不是企业自己能制造什么,就卖什么。

五是社会营销观念阶段。这一观念产生于20世纪70年代,这种观念认为,企业的任务是确定目标市场的需要、欲望和利益。并且在保持或增进消费者和社会福利的情况下,比竞争者更有效地满足目标市场消费者的需求。社会市场营销观念要求企业在确定营销决策时要权衡三方面的利益:即企业利润、消费者需要的满足和社会利益。具体来说,社会市场营销观念希望摆正企业、顾客和社会三者之间的利益关系,使企业既发挥特长,在满足消费者需求的基础上获取经济效益,又能符合社会利益,从而使企业具有强大的生命力。

(二)兽药营销及相关概念

1. 兽药营销

是指为了预防和治疗畜禽疾病,保障畜禽健康生长发育、繁殖或实现无公害畜产品的一种兽药企业或兽药经销员与畜禽养殖企业或养殖户或经销商之间交换兽药产品和价值以获得其所需所欲的活动过程。

兽药营销是满足畜禽养殖者对畜禽保健的需求和欲望,兽药经销员不仅要研究养殖者对畜禽保健的现实要求,更应研究养殖者的潜在需求,进而引导需求和创造需求。

2. 需要、欲望和需求

需要是营销存在的前提和出发点,是指客户没有得到某些基本满足的感受状态。兽药营销存在的前提就是畜禽养殖需要防病治病。

欲望是客户想得到这些基本需要的具体满足物或方式的愿望。而需求是客户有能力购买并且愿意购买某种兽药产品或服务的欲望。

需要理解的是:客户的欲望几乎没有止境,但资源却是有限的。因此,客户想用有限的金钱选择那些价值和满意程度最大的产品或服务,当有购买力作后盾时,欲望就变成了需求。在兽药营销中,那些有需求的客户就是营销员公关的重点。

3. 兽药市场

在兽药营销中研究的市场,指的是具有特定的需求和欲望,而且愿意并能够通过交换来满足这种需要和欲望的全部潜在顾客。

(三)兽药行业的营销模式

最近几年,兽药行业的营销模式可谓是"百花齐放,百家争鸣",每种模式都有它值得借鉴的一面。大致主要有以下几种:

1. 渠道营销

这是兽药营销行业最常见的模式,它以往各个区域派业务人员,分渠道开发市场为表象,模式较为简单,适合多数兽药企业。兽药企业与业务人员合作模式以专职、大包两种形式为主。

2. 技术营销

即以兽药企业为合作伙伴,以派技术员进行固定或流动技术服务为主导,此模式有利于兽药企业增加销量,提高客户忠诚度,能快速开拓、维护市场,是兽药行业常用的模式之一。

3. 会议营销

兽药企业以通过会议模式达到销售目的,常见的有两种形式:一是兽药企业针对经销商所策划的会议,召集一定的经销商集中开会,期间通过促销、抽奖等模式销售产品;二是兽药企业联合经销商在当地对养殖户策划会议,即兽药企业以讲解疾病、饲养管理等为依托,召集部分养殖户参会听会,会议期间会以抽奖、促销、代金券等模式销售产品。此效果相对较好,但费用相对较高,部分地区使用此种模式。

4. 体验式营销

即兽药企业或业务人员拿少量产品让客户进行试用,此方法成功率较高。

5. 合作联盟

兽药企业通过与当地相关产业链人员进行合作,如孵化场、屠宰场、食品厂、养殖合作社等。

6. 连锁

即兽药企业以直营或加盟的形式在当地建立品牌店,此模式有利于提高兽药企业品牌,对经销商也有一定约束力。

7. 一体化经营

即兽药企业通过自己做饲料厂、兽药厂、孵化场、屠宰场等一体化的模式进行产品销售,此模式多为对各地养殖户进行招商,加盟后按其规定统一饲养管理(统一提供幼仔、使用饲料、兽药、回收成畜等)。此模式一般投资较大,管理水平要求较高,但此模式对合作伙伴相对强势,一般为有实力企业所用。

8. 经销商代加工产品

相对较大的客户通过在兽药企业定做产品而达成的合作,此类产品价位较低,做的区域相对不大(市场不冲突),又能批量生产,所以对兽药企业、客户来说皆是一个好方案。

除此之外,还包括电话营销、网络营销和广告营销等。

(四)兽药行业发展现状

1. 兽药企业竞争日趋激烈

据中监所网站报道,到2009年6月末,通过GMP验收和认证的兽药生产企业已达1 550多家,产品涉及29个剂型,近2 000个品种,从业约 12 万人。兽药行业年销售额超过 200 亿元,其中产值超 1 亿元以上的企业有 45 家。兽药行业是当前利润增长最快的十大行业之一,巨大的市场潜力和利润空间使得国内兽药流通领域的竞争越演越烈。

2. 兽药研发能力不足,产品同质化严重

兽药企业由于基础薄弱,使得兽药企业在研发方面资金投入和人才储备不足,这有两个方面的原因,一是在兽药起步阶段,简单的模仿更容易产生效益;二是反映了企业无长远战略性规划。目前,全国有一定新兽药研发能力的企业不足 10%,其中能进行自主研发的企业更是凤毛麟角。从农业部公布的情况看,从 2006 年至今,共有 54 个企业的 72 个国家级新兽药得到批准,其中三类新兽药 54 个,一类新兽药只有 3 个(海南霉素、乙酰甲喹、喹烯酮)。大多数企业由于自身条件限制,既无力从事新兽药的研发,也不愿意花钱费力地搞创新,而把精力放在营销方面和产品概念炒作上面。

3. 国际兽药企业对国内兽药市场的占领加剧

目前,大型养殖企业、种畜禽场以及宠物用药等更多地选用进口兽药,截至 2006 年年底,已有 89 个国外兽药企业的 460 种兽药在我国注册销售,年销售额已经超 30 亿元,数目众多的国内企业只能在日趋薄利的中低端市场竞争。高端市场、种畜禽市场、大规模养殖场使用的兽药产品,尤其是生物制品甚至包括益生菌制品多以国外企业为主。

4. 管理不规范,职业化程度不高

目前很多兽药企业缺乏长远规划,管理粗放,重销售、轻管理的思想普遍存在,文化建设、战略规划、制度建设等方面严重滞后,致使企业发展后劲不足,难以建立忠诚的职业化团队。企业人员平均年流动率高达 50% 以上,其中尤以销售、技术人员的流动最为突出,原因在于很多企业只追求短期结果,不肯真正从人力资源培育的角度去开发、培育、使用人才。

(五)兽药营销行业发展趋势

1. 政府的强制要求将带动行业成长

首先,面临食品安全的客观需要,兽药行业面临着快速增长的机遇。从世界范围看,中国的市场发展潜力巨大,人们的食品消费结构出现了很大变化,肉蛋奶急剧上升,畜牧业每年都以12%~15%的速度增长。高于发达国家10%的水平。其次,政府强制免疫的力度和范围还将逐步扩大。由于我国养殖规模大,养殖密度高,同时散养比例高,养殖条件相对较差,因此造成疫病感染、病毒变异和防控难度增大,因此,国家可能还将扩大强制免疫的范围。最后,规模养殖比例上升将逐步带动市场采购量的增长。

2. 兽药营销专业化将成为主流

目前,兽药经营相对比较混乱,随着竞争的加剧,养殖形式的不断变化,兽药必将要像人药一样进行不同程度的整合。专业化、产业化将是兽药市场的发展方向。虽然由于目前养殖户的观念还相对落后,大的整合短时间内不会兴起,但是这种趋势必然会在以后逐渐形成,兽药企业和兽药经销商必须未雨绸缪,提前增强自己的实力,以在未来的行业博弈中占据有利的地位。

3. 兽药网络营销快速发展

信息技术的发展已改变了世界现有的商业格局,对兽药行业也必然会带来巨大的变革和冲击。这是因为网络营销具有三大优势:一是网络营销可降低营销费用。目前的兽药企业用于营销的费用有的已经高达30%~50%,这部分费用最终会转嫁到客户身上。而当前兽药行业竞争焦点之一仍然是价格战,从这个角度看,在目前的中国养殖环境下降低兽药产品价格依然是行业竞争获胜法宝之一。二是网络作为一个超级信息平台(截至2010年年底,我国网民达到4.57亿人),网络营销可以快速的为兽药企业推广产品,让优秀产品迅速的被大家认知,可有效改变目前兽药企业推广产品时面窄、时间长和成本大的缺点。三是网络营销的发展可减轻基层技术人员的劳动强度并提升其服务水准。

第三章 兽药店的开店准备

一、兽药店经营目标的确定

兽药店经营目标的确定要根据自己的自身定位、资金实力、行业资历、网络资源、人员优势以及当地养殖行情、养殖水平、发病规律、用药习惯等来综合考虑。这样可以集中精力做大做强代价最低、收益最大的项目,找准稳定合作的厂家,选择配套的名优产品,形成门店品牌,在某些方面超越周边所有的同类门店或其他畜牧业服务机构,快速在本地畜牧业中有较大影响力,树立技术权威和经营权威形象,在当地养殖户中形成诚信经营和技术高超、服务质量上乘的良好印象,从而取得最大的经营收益。

二、兽药店目标确定应遵循原则

(一)市场优先原则

市场是"王道",有什么样的需求就有什么样的市场,就需要什么样的产品和服务。兽药店经营者确定自己的经营目标要立足于市场,服务于市场。主要从以下几个方面进行:

1. 了解当地的养殖品种

养殖具有区域性和从众效应,具体到每个县每个乡的养殖品种是不一样的。比如,漯河周边乡镇生猪的饲养量巨大,猪药的需求就大;信阳固始鸡的饲养量大,鸡药的需求就大;浙江桐乡鸭的饲养量大,鸭药的需求大。兽药店经营者要根据当地养殖品种的分布和特点,在经营中要有所选择和偏重,选择合适合的经营品种。

2. 了解当地养殖规模

养殖规模不同,养殖企业(户)的需求是不同的,与其交易及服务的成本、风险、利润是不一样的。例如,对于小型养殖企业(户)(生猪饲养20~50头,肉鸡饲养1 000~5 000只),缺点是饲养水平低、对产品品牌敏感度差、资金少、赌博心理重、对产品的需求少、利润薄。这样的养殖户崇拜"神医",对其提供良好的技术服务是经营的主要方向。对小型养殖户一旦帮着解决了问题、其对药店的忠诚度高、对药店宣传非常卖力。

对于中型养殖场(生猪1 000~2 000头,肉鸡10 000只),这类养殖户养殖经验丰富、技术能力强、资金实力较强、对新产品比较渴望、产品的使用量比较大、利润较为丰厚。缺点是这些养殖户比较刚愎自用、事事自我一套、对产品的选择比较挑剔、押款、压价厉害。对其提供廉价、药效确切产品是经营的主要方向;同时适时进行危机公关,如猪场大的疾病流行、能够帮着解决问题,是收买其"心"的关键。

对于大型养殖场(生猪10 000头左右,肉鸡100 000只),这类养殖户,养殖水平高、管理规范.对产品的品牌、稳定性、产品成分透明度要求比较高。其对产品的需求量高、回款信誉度高、利润丰厚。缺点:这类厂子关系复杂、作决定的人比较多、竞争比较残酷。理顺场内各种关系、抓住主要人物、向其提供高品质的产品是经营的主要方向。

3. 养殖习惯、养殖模式

不同的养殖习惯造成动物的发病情况、发病规律不同。从而对药物的需求也不同。如,用预混料的养殖户,自配玉米,霉菌毒素残留较高,对脱霉剂的需求就比较大;地养鸡球虫的发病率比较高,对抗球虫药的需求就比较大;海边养鸡专业户鸡气囊炎的发病率比较高,西北鸡传染性喉气管炎的发病率就比较高。药店要根据发病情况、用户需求适时采购产品、才能保证产品畅销。

(二)量力而行原则

有多少的能量就办多少事情,兽药店经营者要根据自身的技术水平、资金实力、社会关系等确定自己的经营规模和目标客户。

1. 村级兽药店

这类兽药店主要在乡镇和村里服务方圆20千米范围内养殖户、开店房租少、经营成本低、风险小（3万~5万即可起步），适合资金少、有一定技术储备的当地人员来做。其经营的重点是增加店里产品品种、减少贮量、经常出诊、切实解决养殖户的问题。目标客户为当地小型养殖户。努力方向是不断提高自己的技术水平、要有自己的"镇店技术"、尽快在当地形成自己的知名度。

2. 县级兽药店

这类药店主要在县城畜牧站、畜牧局附近或者是一些兽药店比较集中的地方。服务方圆100千米范围内养殖户，开店房租、经营成本相对较高、风险较大（需投资10万~30万）、竞争比较大。适合资金较为充足、技术力量雄厚的人来做。经营重点是提高技术服务水平、引进先进的设备如化验室、要差异化服务，做到"你没我有、你有我精"。努力方向是尽快形成自己的门店品牌，形成自己独特的经营特色。目标客户为中大型养殖户。

（三）差异化原则

现在兽药门店越来越，产品质量同质化严重。兽药店要突出自己的特色，比如经营专一化，专做禽药或者猪药、或者专做微生态产品或者提供保健方案等。要做好、做精才能更好的发展。

三、兽药店开店的各种准备

（一）市场调查

俗话说：知己知彼，百战不殆。要想做好市场就必须了解市场，不仅对市场的客户了如指掌，还应对兽药市场的特点有所了解，这样才能统观全局，把握方向，为自己下一步的营销工作打下坚实的基础。市场调查的内容见表1。

表1 市场调查的内容

重点养殖区情况	畜禽品种	用药情况
	养殖规模	产品销售
	饲养管理水平	存在的突出问题
	品种来源	养殖效益
	用料情况	养殖历史及发展趋势
市场概况	饲料兽药门市数量及销量估算	促销手段
	知名品牌与拳头产品	厂家销售政策
	门市经营实力分析分类	社会服务体系情况
	知名经销商及兽医	竞争对手与合作对象细分
	工商行政管理环境	自身优势确认与销售切入点
经销商门市情况	经销商	主推产品
	工作人员	赞美质疑与批评的声音
	客户	门市发展规划
	产品陈列与库存	业务员
	价位与用量、疗效	货款结算

(二) 店铺选址

开兽药店,服务对象就是养殖户,店铺的选址必须在养殖比较发达的地方,这样才会保证充足的客源,同时应考虑到交通便利,人口集中的地方;比如说集镇、县城等地。当然这还不够,店面的具体选址不能太偏,要很容易让人发现。其实在商业店铺中不要害怕"扎堆",反过来,在兽药产品相对比较集中的商业区进行经营反而会收到更好的效果。这其实和其他行业比如说"建材港""家具城"等是一个道理。把店铺开在名气比较大的店附近,甚至可以开在它的旁边。因为,这些著名的店在选店址前已做过大量细致的市场调查,挨着它们开店,不仅可省去考察场地的时间和精力,还可以借助它们的品牌效应,"捡"些顾客。

同时,要选择有广告空间的店面。有的店面没有独立门面,店门前自然就失去独立的广告空间,也就使你失去了在店前发挥营销智慧的空间。

(三)办理合法营业手续

兽药店除了办理工商、税务执照外还需要到当地畜牧兽医行政主管部门办理兽药经营许可证;开办兽药经营企业,须先经过GSP验收,申请人应向市农业局申请兽药GSP检查验收,检查验收合格的,方可按本程序申办《兽药经营许可证》。

四、兽药店必备要素

(一)硬件方面

1. 经营场所和仓库面积要求

《兽药GSP规范》第三条规定各省将根据本省情况,作出具体的面积规定要求。但不管如何规定,其前提是面积必须与企业所经营的兽药品种、经营规模相适应。县(区)所在地的经营企业经营场所和仓库面积各不会少于20平方米,乡镇所在的经营企业经营场所和仓库面积各不会少于15平方米和10平方米。

2. 经营生物制品要求

兽用生物制品经营企业除满足上述一般兽药的经营条件外,还应当根据所经营品种、规模的需要,设置冷库、冷柜、冰箱等必要的设施、设备,并备有保温、发电等设施设备,或具有相关产品停电后的保温办法。但是否必须要配置冷库,也将由各省根据本省情况作出具体规定。

3. 人员学历和资质要求

《兽药GSP规范》第十二条规定:"兽药质量管理人员应当具有兽药、兽医等相关专业中专以上学历,或者具有兽药、兽医等相关专业初级以上专业技术职称。经营兽用生物制品的,兽药质量管理人员应当具有兽药、兽医等相关专业大专以上学历,或者具有兽药、兽医等相关专业中级以上专业技术职称,并具备兽用生物制品专业知识"。同时,将企业主管质量的负责人和质量管理机构的负责人的学历和资质要求交由各省规定。因此,企业主管质量负责人和质量管理机构负责人的学历和资质要求应不会低于对兽药质量管理人员的要求。此外,在乡镇地区设立的小型经营企业,其主管质量负责人和质量管理人员应该可以兼任。

(二) 软件要求

1. 建立兽药店进货和销售的记录制度

设计的记录表格避免过于繁锁、内容重复,导致记录难以坚持填写。这是规范兽药店经营活动所需,也是规范整个兽药市场秩序必不可少的。

2. 兽药店兽药经销员专业知识的要求

经营兽药店要对供货单位、产品的合法性进行核对。《兽药GSP规范》规定,在进货前必须对供货单位的资质条件(营业执照、兽药生产许可证、兽药 GMP 证书等)、产品合法性(产品批准文号、兽药质量标准和检验报告、标签说明书内容等)进行审核。此外,针对当前兽药经营中存在的突出问题,企业应当对供货单位销售人员的合法资格进行确认,要求提供企业委托书和销售人员的身份证明。

五、选择合作厂家

选择好的厂家产品做代理,犹如你准备了一杆好的猎枪,有好猎枪才有好猎物。产品是交换的媒介,是经营的载体,经销商没有产品,就不能完成商品的交换。而对养殖户来说,兽药产品是与经销商沟通的桥梁。所以经销商选择好厂家做代理,犹如企业生产好产品一样重要。选择方法如下:

(一) 从媒体上选择

一般注重品牌的厂家,投入广告力度较大,因为没有适当的广告投入,根本不可能建立自己的品牌形象。像伊利、蒙牛、海尔等著名企业,无不是以高档的广告去诉求自己的品牌个性,去诠释自己的品牌内涵。兽药厂家的广告运作,除终端的广告外,还有专业杂志(报纸)等媒体。同时广告有滞后性和复合性,不会马上见效,需要长期投入才能培养品牌,所以投入广告的厂家一般是做长线的,而不是短期炒作,短期炒作一般不投入大的广告(尤其是兽药行业)。

(二)从业务员(或厂家其他人员)谈话判断厂家

与业务员的交流中,如果该业务员(或其他人员)谈话技巧较高,有前瞻性,不但清楚你的市场情况,而且有新的思维,如养殖业的发展趋势,经销商的发展变化,全国各个厂家的情况,经销商之间如何竞争等。那么,此业务员背后的厂家,肯定注重市场的研究,注重竞争,注重大的发展趋势,此厂家内部人员素质较高,各部门配合协调,管理层具有远见。

(三)从业务员或技术人员行为判断厂家

包括业务员对你的工作态度,服务的及时满意程度。比如该解决的问题是否解决,答应的事情是否做到,技术人员的技术熟练程度,技术人员对养殖户的态度等。从一系列的行为来看,这不是业务员或技术人员的问题,而是公司的管理问题。如果该公司管理水平较高,它会注重每一个细节,做起来有章法。如果该公司管理比较粗放,不注重细节,只注重回款,必然会出现种种问题,则肯定不会有前途的。

(四)从展览会上寻找

每年全国的畜牧业交易会很多,适当参加也可寻找到适合的厂家。好的企业多会参展,都想通过参展提高知名度,树立企业的良好形象。参展是企业文化、企业理念和实力的外延,可以通过其参展资料、展台布置、人员素质、特色活动等多方面表现出来。精明的你肯定能判断出有实力、有发展的兽药企业(不过,有的省份的交易会流于形式,部分大的厂家怕影响自己形象,可能不参加)。

(五) 从 GMP 达标信息中寻找

随着 2005 年 GMP 强制认证,全国 2 600 多家兽药厂也开始分化,有的兽药厂已过 GMP,有的已经转行或被兼并,有的正在积极筹备认证中。在这样的环境下,市场极度混乱,价格战狼烟四起。不打算过 GMP 的厂家,大都做最后的挣扎,低价格、高返利吸引经销商、养殖户,扰乱整个兽药市场的价格体系。如果小厂家在 GMP 认证期内不能通过认证,你的市场培育将化为乌有,极大的浪费你的资源;如果你的区域竞争对手选择有发展、有前途的 GMP 认证通过厂家,其品牌慢慢渗透,市场影响越来越大。当你代理的小厂家关闭时,你还要去选择 GMP 达标厂家并培育市场。此时,你在市场上的时间成本加大,从选择厂家来说,你将落后一步,市场无形价值丢失将抵消你短期所得的高利润。

(六) 从口碑中了解厂家

每个经销商都有做兽药的朋友,可以通过朋友介绍,因为朋友知道代理厂家的一些情况,他会给你建议。或者你认为合适的厂家,可以问一下其他厂的业务人员,好的兽药厂家在圈内口碑较好,一般都会公正地评价该厂。不过,还是自己多了解(包括从网络)企业的具体情况,这会为你全面认识企业提供更多依据。

(七) 实地参观厂家

兽药厂家普遍弱小,规模较小,但是业务人员一般都说自己的公司实力很强,市场占有率高,服务好等。只有你和他合作后才会知道真相。所以,不如你亲自去一趟厂家,看一个明白。可以说,选择好的厂家是你核心竞争力的根本,厂家选择决定你未来的成败。

六、兽药店起名

首先,兽药店起名要朗朗上口,最好不要绕嘴。事实告诉我们,最好的品牌一定是容易说出和容易记忆的品牌。要注意字数,两字为佳、三字尚可,四字最好避之。

其次,兽药店起名就像公鸡报晓一样,听起来高亢响亮。很多兽药店老板不重视给兽药店起名,随便起个"中华兽药店","小张兽药店"等显然不利于品牌推广。品牌可以俗,但必须有亮点。兽药店起名要结合品牌文化和经营理念。可以先确定兽药店的经营理念也可以先起名后确定企业理念。但最好二者结合的比较紧。兽药店起名,要考虑到兽药店的定位,比如是做服务型,还是销售型,是做高价位还是低价位,是做一条龙服务还是单独销售兽药等。根据自己兽药店的定位,起不同的名字。兽药店起名要小心侵权。如果你起的名字已被注册商标,就不利于后期推广。要注意维权,最好注册成商标,当有人冒用侵权时,可以拿起法律武器进行反击。兽药店起名也可以到专业的起名网站。网上可以列出我们想不到的名字,这样可以开拓我们的起名思路。

最后,兽药店起名后,要加强推广。酒香也怕巷子深,再好的品牌也需要做推广。

七、宣传

兽药店在没有开业之前其实就应该先考虑和准备宣传工作,有很多新的兽药经销员在准备开兽药店的前期不会考虑这些问题,总认为先开店,再去考虑宣传工作,其实这样做是不合理的。如果把宣传工作放到中间环节,那么前期守店待客的时间将会很漫长,这样做影响了兽药店发展的速度,同时也在一定程度上考验着兽药经销员的耐力。有很多兽药店开几年就关门了,其实原因不单纯是技术上不过硬,而是细节方面没有把握好,没有做到用很短的时间让更多的顾客知晓兽药店。一般兽药店需要用的宣传方式有下面5种。

1. 传单宣传

这种方式经济、传播的速度快,但是给人的印象不太深刻,而且很多兽药店的宣传单设计的都比较廉价。这种宣传很多养殖户都是一扫而过,大多数并不放在心上。

2. 技术座谈会

这种形式一般在中期利用的比较多,前期很多厂家不会投入,而后期兽药经销员自己能组织了,那么厂家才会给予一定的技术和资金支持。

3. 物质宣传

这种宣传是结合传单宣传来做的,一般是买多少药到月底核算到了哪个消费段就赠送什么东西,有些是家用电器,有些是季节性服装等,这个不同的兽药店提供的物质不一样。

4. 知识宣传

知识宣传体现在技术性资料的轰炸,可利用自身的技术和网络上所获取的信息和最新知识,印制一些宣传资料,多发,长发,分季节性发放,这样慢慢的养殖户就对你的药店熟悉了,这种模式有利于客户关系的建立,知识与信息是严肃的。所以客户对药店的理解也是严肃的。而不是把你看成有多黑,他完全可以不来你这里买药,但是他肯定有耐心看你提供的资料。

5. 传媒宣传

这种方式对经销商的能力有较高的要求,这种广告的效果非常好,而且显得有档次。

八、兽药经营许可证申请

(一)审批依据

根据国务院《中华人民共和国兽药管理条例》第三章第十二条"开办兽药经营企业,经县级以上地方人民政府畜牧兽医行政管理部门批准后,发给《兽药经营许可证》。"和农业部《兽药管理条例实施细则》,制定本申办程序。

（二）申请条件

符合《中华人民共和国兽药管理条例》第三章第十一条"兽药经营的企业必须具备下列条件"。

1. 与所经营的兽药相适应的兽药技术人员；
2. 与所经营的兽药相适应的营业场所、设备、仓库设施；
3. 与所经营的兽药相适应的质量管理机构或者人员；
4. 兽药经营质量管理规范规定的其他经营条件。

（三）需提交的材料

1. 从业人员畜牧兽医专业学历证书和兽医、药剂专业技术职称证书；
2. 从业人员兽药、兽医知识和相关法律法规知识考试合格证明；
3. 从业人员身份复印件和相片；
4. 经营场所证明材料、计划经营兽药产品审查表；
5. 申请表、申请报告；
6. 《兽药经营许可证申请表》。

（四）审批程序

1. 申请

申请人提出申请，提供《兽药经营许可证申请书》以及办理需提交的申报材料。窗口办理人员审查材料是否齐全。材料不齐的，打印《补正材料通知单》交申请人，退还申请人，并一次性告之申请时需提交的资料。

2. 受理

材料齐全的，窗口办理人员打印《受理通知单》交申请人，将所有材料呈兽医药政工作人员（1个工作日）。

3. 初审及现场勘查

审核材料，派至少两名畜牧工作人员到现场进行勘查，并做《现场勘查记录》，在《兽药经营许可证申请书》上签署审核意见。将材料交由办公会审（11个工作日）。

4. 审批

办公会审不同意的打印《不予行政许可通知单》,并退还申请人相关材料,将有关材料归档。办公会审通过,在《兽药经营许可证申请书》上签署审批意见,将办理结果及相关材料交窗口办理人员(2个工作日)。

5. 发证

窗口办理人员在《兽药经营许可证申请书》上加盖公章,制作《兽药经营许可证》(正副本),打印《准予行政许可通知单》,将有关材料交申请人(1个工作日)。

6. 资料整理、材料归档

第四章 兽药店的经营艺术

若想长期经营好自己的兽药店,除了有自己的行之有效的特色药品,还必须要懂得兽药店的经营艺术。兽药点的营销其实就是所谓的门店营销,即"门店+营销",与销售是有区别的。销售只是一个卖出产品或服务的过程,有很大的偶然性和不可控性,是无序且简单的操作,只是营销的一个末端部分。通俗点说其实销售和营销最大的不同就在于营销是主动的,用脑子的销售。那么,基层的兽药店的经营应该具备哪些艺术呢?

一、学会沟通技巧

沟通是指人与人之间的交流,它通过两个或更多的人之间进行关于事实、思想、意见和感情等方面的交流,以取得相互之间的了解,形成良好的人际关系。兽药营销过程就是与客户直接或者间接沟通的一个过程,其最终目的就是如何把兽药或服务迅速销售出去。

(一)沟通的四要素

要做到有效的沟通,必须注意以下4个要素:一是接受信息的人要注意专心倾听信息,在沟通的过程中专心致志,不能三心二意;二是要理解掌握所接受信息的真正含义,而不应以自己的想法为标准;三是接受信息人愿意按信息要求办事,尽量排除对信息的不信任感;四是行动,是信息接受者按接受的信息来执行。

(二)沟通的方式

沟通的方式主要包括书面沟通、口头沟通和网络沟通。书面沟通便于反复阅读、仔细推敲,利于长期保存和查询,并能保持传递信息的准确性。缺点是需要一定的制作成本,不易随着客观环境的变化而及时修改。口头沟通传递速度快,效率高,效果好。可以直接向对方传递信息,遇有不同意见可以协商,理解不透之处可以仔细切磋,更为重要的是可以调动情感、身体语言来传递自己的信息。网络沟通的特点在于超时间性、超地域性和双方的互动性,通过互联网,一台电脑可以将任何时间、地点需要沟通的双方联系起来,传递信息速度之快、方法之便是以往任何工具所不能比拟的。

(三)沟通技巧

研究表明,没有一种沟通风格在成功营销的过程中占据着主导地位。也就是说,人们无须为自己的沟通风格感到担忧,只要你的风格能被对方接受就可以;另外,即使是同一种风格,对待不同的人,效果也是不一样的。作为优秀的兽药经销员,不仅要熟知自己的沟通风格,更为重要的是必须能够在与客户沟通之初迅速地识别出客户的沟通风格,然后灵活地、有针对性地与之展开行之有效的销售沟通。通俗的来说,我们应该掌握以下 5 种沟通技巧。

1. 学会捕捉对方的语言信息

这其中包括专心地倾听和适时地回复。在与客户面对面交流或是电话交流时,一定要专心而认真地听客户的讲话,一定要带有目的地去听,从中发掘客户有意或无意流露出的对销售有利的信息。在听的过程中适时地回复,一方面表达了对客户的尊重和重视,另一方面有助于正确理解客户所要表达的意思。确保销售人员掌握信息的正确性和准确性,可以达到很好的沟通效果。

2. 学会观察客户所展现的肢体信息

观察在沟通中非常重要,细致入微的观察会捕捉到客户的很多信息,在与客户沟通过程中,客户的一个眼神、一个表情、一个不经意的动作,都会反映他心理状况,具有敏锐观察能力的销售人员一定会捕捉想要的信息,及时调整自己的沟通方式并适时地给予回应。同样,客户周围的环境,具体可以指他的办公室的布局和陈列风格,也在一定程度上也反映了该客户的行为模式,为如何与之建立长期关系提供了必要的信息。使用这些信息和兽药经销员自己的理解可以帮助兽药经销员建立与客户的关系,并决定下一步该怎么做。

3. 学会提问

在获取一些基本信息后,提问可以帮助兽药经销员了解客户的需要、客户的顾虑以及影响他做出决定的因素。同时在沟通气氛不是很自然的情况下,可以问一些一般性的问题、客户感兴趣的问题,暂时脱离正题以缓解气氛,使双方轻松起来。时机成熟时可以问一些引导性的问题,渐渐步入正题,激发客户对产品的兴趣,引起客户的迫切需求。比如,如果不及时购置该产品,很可能会造成不必要的损失,而购置了该产品,一切问题都可以解决,并认为该项投资是非常值得的。这就是引导性提问最终要达到的效果。这时作为兽药经销员就需要从客户那里得到一个结论性的答复,可以问一些结论性的问题,以锁定该销售过程的成果。

在与客户沟通的整个过程中,要与客户的思维进度的频率保持基本一致,不可操之过急,在时机不成熟时急于要求签单,很容易造成客户反感,前功尽弃;也不该错失良机,在该提出签单要求时,又担心遭到拒绝而贻误机会。

4. 要合理解释

解释在销售的推荐和结束阶段尤为重要。在推荐阶段,为了说服客户购买而对自己的产品、服务等作出解释和陈述,以达到订购目的。在谈判过程中,即销售接近尾声时,会涉及许多实质性问题,双方为了各自的利益会产生些分歧,这就给双方达成最终协议乃至签单造成障碍,这些障碍需要及时合理地磋商和解释来化解。所要解释应简单明了,思路清晰,应避免太专业的技术术语,要让对方很快得到所期待的满意的答复。

5. 交谈技巧

人与人的沟通的最普遍的方式便是交谈,所以在交谈过程中要组织好自己的语言,让自己有话说,并且要说得好。在沟通过程中,谈话的表情要自然,语言和气亲切,表达得体。说话时可适当做些手势,但动作不要过大,更不要手舞足蹈。谈话时切忌唾沫四溅。参加别人谈话要先打招呼,别人在个别谈话,不要凑前旁听。若有事需与某人说话,应待别人说完。第三者参与谈话,应以握手、点头或微笑表示欢迎。谈话中遇有急事需要处理或离开,应向谈话对方打招呼,表示歉意。

一般不要涉及疾病、死亡等事情,不谈一些荒诞、离奇、耸人听闻、黄色淫秽的事情。客户为女性的,一般不要询问她们年龄、婚否,不径直询问对方履历、工资收入、家庭财产、衣饰价格等私人生活方面的问题;与女性顾客谈话最好不要说对方长的胖、身体壮、保养的好之类的话;对方反映比较反感的问题应保持歉意。

二、兽药店经营方法

兽药店经营方法有很多,最基本的方法就是每天都给自己列一个基本的工作计划,大致安排一下自己的工作时间,预留出应对突然问题的时间和药店营销的时间。每天工作结束后总结一下当天的工作,把收集到的信息整理起来,长期坚持,兽药店经营也能够有效的持续下去。

兽药店经营有内在和外在两个层面。内在包括服务理念和兽药经销员个人素质,外在则包括了兽药店建设和渠道开拓。其实外在的东西相对简单和容易,而内在的理念和素质提升实际上是真正重要的东西,也是兽药店做大做强的内涵和基础。比如,兽药经销员要锻炼自己的沟通能力、亲和力、应变能力,对待陌生顾客应该礼貌有加,说话得体,微笑相迎等。

1. 要学会与客户讲价

客户买东西都想物美价廉,都想花小钱办大事,养殖户也不例外,所以讲价就在所难免。与养殖户打交道,即使兽药店的治疗水平再高,养殖户的讲价的本性也不可能没有,如果兽药经销员非常死板,态度生硬,坚持不降价,他就感到你做生意不活套,同时他甚至会有一种不被尊重的感觉。买卖就做不下去了,而且还会口碑相传你的负面消息,长此以往,兽药店就经营不下去而关门歇业了。

2. 要经常出诊

首先,出诊能够了解最现实的一手资料,能够真切地见到病畜和产品性能反馈,这也为下次准确治疗好畜禽病提供了保障。其次,出诊时能与养殖户直接面对面的交流,了解他们的诉求,科学合理的解释能让养殖户不仅信服而且还能清醒地承担责任。另外,好的出诊能起到一个非常好的正面宣传作用,当他们遇到问题时,首先想到你可以给他的畜禽治病,这是树立威信、继而开发更多客户的敲门砖。

3. 要重视宣传

宣传不仅仅口头宣传,并且需要有可以见到的宣传资料,比如,说名片、广告单、墙体广告、广告册、宣传车、电视广告等,这样才能够比较直观的让养殖户了解你的产品和你的店面情况。在竞争激烈的销售市场,消费者每天都会接触到大量的宣传信息,如果你不做,那没有人能够想到你,所以说"酒香也怕巷子深"。在当今市场上没有什么是不可能的,没有什么是注定没有市场的,形形色色的客户加上他们形形色色的需求就是你最大的市场。说不定你搞的某个产品、技术或服务,能让你一夜暴富呢!所以一定要宣传,一定要有可视的宣传资料。

4. 要坚持回访,尤其是起步阶段的兽药店

客户回访是客户服务的重要内容,做好客户回访是提升客户满意度的重要方法。客户回访不仅可以得到客户的认同,还可以创造客户价值。另外,如果兽药店本身并不为人太多知晓,而回访又策划的不好,往往很难得到客户的配合,得不到什么有用信息,更有可能会对药店形象造成负面影响。

比如说,用药是对了症,但是用药没有够一定疗程,在病情稍

微反复时，由于你没有回访，养殖户可能去别的兽药店拿了些相同成分的不同产品，结果用药之后疾病痊愈了，养殖户会认为别人的药比你的好，你前期做的工作就是白做了。特别对于第一次出诊后没有治好的病，回访就显得更加重要了，这不仅是兽药店心系养殖户、敢于负责任的表现，更是自身积累治疗经验的难得机会。对于每个兽药店来讲，只有兽医治好了大病，声誉才能有可能树立起来。还有，即使畜禽疾病完全好了，我们也要回访，因为这时候，我们可以在养殖户的信任氛围中轻松展开愈后预防投药的强大攻势，这是提高兽药店销量的绝佳途径。

回访的另一个好处就是感情联络，在回访时能够发现并及时处理好一些业务纠纷和矛盾，让养殖户感觉到你很重视他、尊重他，你时刻都在尽最大努力为他服务，这是维护客户的关键。

5. 诚信经营，公平交易

让养殖户感觉到你始终都没有欺骗过他，这也是维护客户的前提。

6. 科学管理，利益均分

兽药店的经营方式中有大部分合伙经营或者合作经营，即使是独立经营也涉及到经营人员的管理和利益分配问题。有些兽药店前期经营得很好，很快兴盛起来，但是到了后期却因为利益分配不均和管理不善而倒闭的很多。这是为什么呢？原来，发展红火的兽药店忘记了同甘共苦、一路走来的员工们，自以为成功是理所当然的，是老板自己一个人的努力，没有别人的功劳。不但没给员工更合理的待遇，反而克扣工资或设置员工涨薪的障碍，更有甚者，不但不尊重和保护员工的劳动权益，反而把员工当作奴隶和要饭的，自己作威作福。水可载舟，亦可覆舟。所以，一个想长久生存的兽药店，一定要利益均分，管理人性。需要特别注意的是，员工当中高素质的技术人员，更得利益均分，甚至制定出合法的股份分配制度，以保障骨干人员的劳动权益。否则，在忍耐两年之后的他们一旦离去，兽药店的市场将是覆水难收，从此一蹶不振，重复不知多少辉煌兽药店走过的衰败之路。

7. 掌握核心竞争力

现代商业要想成功就必须有自己的核心竞争力,不管是你的产品还是你的技术服务,都必须具有核心竞争力,这样才能永远立于不败之地。

三、如何选择不同品牌的兽药

兽药店的经营,品牌的选择至关重要。很多兽药经销员都能体会到现在做生意,如果选择好了,生意就会兴隆;选择不好,则很有可能经营惨淡以至于退出兽药市场。而最让他们困惑的是,该怎样选择所代理的兽药品牌?在现有的市场环境和竞争条件下,未来发展与现实经营中的不确定因素让兽药经销员充满了迷茫。

1. 是选择大品牌还是小品牌

有些兽药经销员想要经营一些具有一定知名度的大企业的兽药,而他又担心大品牌的企业合作门槛过高,会把他挡在门外。另外,代理大品牌成本会不会很高?利润会不会低?既想和大厂家、大品牌的企业合作,又怕自身实力不够;既想借助品牌效益,又怕利润低。这让他们常常进退两难,尤其是在开店初期。

首先,大品牌实际上并不像兽药经销员想象的那样高不可攀。要代理大品牌之前,应该思考自己是否有优势的渠道,有没有对市场独特的运作思路。有资源有思路的兽药经销员,都会受到厂家的欢迎。只要具备这些条件,就可以尝试代理大品牌。

当然,在选择厂家时还要看厂家的整体战略。比如,有些兽药企业其整体战略是区域市场精耕细作,那么县级甚至是乡镇级市场有资源、有网络的兽药经销员就很有机会。一些国外的品牌,他们在选择渠道商时多数还是以省级代理商为主,所以区域的县镇级兽药经销员就很难拿到这样的产品代理权。因此,在选择厂家时要先明晰大品牌的战略意图,再根据自身的情况,从中去寻找机会。

大品牌利润低怎么办？在这种情况下，就需要兽药经销员进行产品组合，即通过大品牌打开市场，凝聚人脉，建立销售网络，再使得中小品牌借道而入，从而获得利润。大品牌的作用不仅仅是为兽药经销员带来利润，还能为兽药经销员带来更多的市场资源，因为品牌和资源是相匹配的。对于兽药经销员而言，借助品牌的力量，是一条发展的捷径，兽药经销员可以利用厂家的优势资源来弥补自身劣势。而实际上，大品牌制定的大战略，更需要兽药经销员的力量才能实现，从这个角度上来讲，就不存在大与小、强与弱的问题，而是兽药经销员的优势与厂家的品牌战略是否匹配的问题。

2. 是品牌专一还是多样化

目前的兽药经营市场，只靠着一个品牌，能解决生存的问题，但无法解决持续发展的问题。一种也好，多种也罢，选择的根本在于这个品牌是否能真正推动兽药经销员获得持续的发展。

从兽药企业的角度来说，都希望兽药经销员能够专一，集中财力、精力做好自己这一个品牌。而站在兽药经销员的角度来说，大多不希望把鸡蛋放到一个篮子里面。因此，在这两个不同的立场下，就有了两者之间的博弈，催生了以下两类兽药经销员。一类就是和兽药企业紧密联系，只代理一个品牌的；另一类就是代理多个兽药企业的产品，采取内部品牌竞争经营模式的兽药经销员。很难说这两种模式孰优孰劣。但从长远发展来看，二者都又存在着瓶颈。专一的兽药经销员瓶颈在于难以做大，风险在于受制于和兽药企业的关系。

多品牌运营，代理着几个不同的厂家产品，在这些品牌中采取的是内部品牌竞争的模式，让各个品牌在市场上竞争，让市场说话。而且，事实也证明，这种方式促进了企业和兽药经销员的发展；其中有些兽药企业的产品确实能得到客户的认可。但是对于某些兽药企业而言，则不希望看到这种情况，他们希望只做他们的品牌。

3. 是规范还是灵活

越来越多的兽药经销员认识到公司化运营的重要性,但令他们困惑的是,公司制度完善了,流程规范了,效率和利润却下降了;规范严格的管理,远不如自己以前的"土办法"有效。因此,在规范和灵活之间,兽药经销员很难做出选择。

当一个兽药经销员实力还很小,还处于生存阶段时,关键在于前端带动后端,也就是通过业务带动管理;当兽药店逐渐发展壮大后,关键在于后端推动前端,靠管理来实现业务的扩大。市场生态环境发生了变化,兽药经销员就要做出相应地调整,既要知彼,更要知己。

四、如何有效地提升兽药营销业绩

业绩是营销的终极目标。如何有效地提升兽药营销业绩呢?最基本应该做到以下几点。

1. 靠勤快,勤快是前提

对兽药经销员最重要的要求就是勤快和吃苦耐劳。很多人觉得,优秀兽药经销员一定是英俊潇洒、能说会道、逢人派烟、千杯不醉。其实业绩很好的兽药经销员最重视勤能补拙。只有每天不断的访问,付出的多了,自然回报就多了。只有勤动手、勤动口、勤跑路才会有好的销售业绩。即使你有学者的头脑、艺术家的心、技术人员的手、如果不具备劳动者的脚,任何技能都无法得到客户的欣赏。

2. 靠诚信,诚信是根本

诚信是立身之本,是商业的终极规则,离开诚信,任何规则都苍白无力,都难以达到双赢这个商业终极目标。兽药经销员不但要学会把兽药卖出去,更重要的是还要把老客户维护好,只有这样才能更好的做好兽药营销。兽药经销员在工作生活当中,一定要信守承诺,决不可为了一时痛快或意气,随意许下不能兑现的承诺,最后不仅让自己蒙受损失,而且还让自己"身败名裂",在行业内难以立足。真正优秀的兽药经销员必定惜诺如金,一旦承诺了,就务必要想尽一切办法予以兑现。

3. 靠知识,知识是利器

顾客愿意和你交往或合作的重要目的之一是能够从你的身上学到更多的知识,拥有更多知识的兽药经销员更容易获得顾客的好感,这里的知识不仅仅局限于专业知识,同时也包括社会知识和其他知识。

4. 靠思想,思想是核心

从长远来看,影响一个人发展的最终是思想:思想决定行为,行为决定结果。无论是经营兽药店还是出去做兽药经销员,都应该有自己的思想,比如自己的职业规划,事业发展计划,以及与客户打交道的指导思想,与合伙人的合作理念等。有了指导思想,发展才会有章可循,有了发展计划,事业才能应对各种挑战和风险。做到了这一点,兽药营销的业绩就有了长远的保障。

5. 靠技能,技能是表现

这里所说的技能,主要是指解决问题的能力,包括业务技能和专业技能。当一个兽药经销员能够表现出良好的业务技能和专业技能时,则更容易获得养殖户的青睐。

五、兽药店营销注意事项

1. 注意营销政策

有些兽药经销员会对如何宣传店铺很感兴趣,对某某销售秘籍非常向往,却往往忽视了更重要的营销政策、营销手段、店铺规划等方面的问题。甚至有的兽药店可能根本没有订立自己的营销政策。缺少营销政策,很难做长远规划。今天推荐这款兽药,明天优惠那个兽药,起不到整体宣传效应。

2. 保证核心货源

保证核心货源的前提,就是要有通畅的进货渠道。确立了这个核心资源,就容易清楚自己的优势在哪里。针对养殖户治疗畜禽疾病的一些急需药品,兽药店能够保证有充足的货源。并且供货方针对兽药店经营的产品、剂型、规格、数量等,在保证货源的前提下并能及时提供给最新的货源信息。

3. 关注行业格局,注意南北差异

我国兽药行业有着明显的地域特性,通过兽药 GMP 厂家最多的前四个省份为山东、河南、江苏、河北,基本分布在长江以北,主要以生产禽药为主,而江苏兽药厂家则以生产原料药为主,四川、江西、广东、湖南等省厂家则以生产家畜药物为主。从这些情况看,则有着明显的地域分化。北方省份对禽药需求较大,特别是山东、东北三省肉食鸡存栏量较大,而河北、河南、山东等地蛋鸡存栏多,广东、广西、湖南、湖北、福建等省区水禽存栏数较多。猪的存栏则主要分布在广东、广西、湖南、河南、四川等省区。放牧养殖的牛羊则主要分布在内蒙古、甘肃、宁夏、新疆等省区。只有注意到了这些,才能够有的放矢,不会盲目经营。

六、兽药营销的售后服务

兽药的销售与售后服务本来是两个关系不大的事件,所谓的售后服务其实就是提供技术服务;而兽药的技术服务并不是针对药品本身,是针对疾病的。所以兽药营销是一个十分典型的"以医推药"的营销过程,"技术"是贯穿整个兽药销售的主线。

每一个兽药店都需要配备兽医技术人员来支持药店的运营。随着国家兽药宏观管理政策的逐步调整和基层兽医与养殖户的技术水平的逐步提高,产品同质化越来越强,差异性越来越小。其实养殖户本身也明白,很多药物差异不是很大,关键是谁会在准确地病情诊断之后能对症下药,辩证施治;于是兽药企业、兽药经销员都纷纷高举"服务"大旗,以期建立竞争优势。如此说来,兽药的售后服务就至关重要了。

(一)兽药售后服务的特点

1. 售后服务具有营销性

售后服务原本指企业产品在销售给用户之后的服务性工作,比如,咨询电话、使用指导、处理客户抱怨、组织交流沟通、收集客户反馈信息、派送企业宣传信息、送货上门等诸多方面。但是兽药的售后承担着兽药店的分销工作,这是与家电等其他行业不同的行业特色。在大多数兽药企业,销售与售后统一于销售部门并协助业务工作。承担售后服务的技术人员业绩是直接与销售量挂钩的。对于终端消费者养殖户来说,技术员的工作又包含了售前、售中、售后三方面内容。换句话说,兽药的销售其实是一种"技术销售"。

2. 售后服务具有个性化

任何一个养殖户,其对服务的需求始终多种多样,具有明显的个性化和多样化特征。任何一个兽药店,无论其能力多大,都无法全面满足不同市场服务需求,都不可能对所有的兽医和养殖户提供有效的全面服务。比如规模化养禽场需要良好的产品质量服务;中小型养殖场需要的是全方位的技术指导。因此,兽药店在实施售后服务时需要把其服务对象进行细分,针对客户需求展开个性化的服务,同时注意与其他同行服务相比要具有差异性,突出优势。

(二)兽药售后服务的主要内容

兽药经营的4个关键因素是质量、品牌、价格和服务。最近几年,随着兽药科学技术的发展,兽药产品质量方面的差异逐渐缩小。在保证质量的前提下,低价竞争、降低价格的空间越来越小。而品牌是质量、运作时间、规模、宣传、价格和服务等综合因素的体现。所以在上述4个因素中,只有服务最具发掘潜力,发展空间大,伸缩性大,并且贯穿其他3个因素之中。

1. 掌握售后服务主要项目

从服务的项目来说,主要包括:一是广告宣传;二是饲养试点;三是协助营销;四是解答和指导技术性问题;五是处理用户投诉;六是制定要货计划,合理配置产品;七是提供兽药营销方法经验;八是提供兽药政策新信息;九是帮助养殖户解决其他需要解决的问题。以上问题首先要掌握良性互动、可持续发展的原则。做兽药有两大难:一是开户难,保户更难;二是成交难,回款更难。所以兽药经销员要始终关注养殖风险和市场风险的预测,正确把握市场趋势,帮养殖户化解养殖风险,做好养殖户的技术后盾。

2. 掌握售后服务与质量控制的关系

一是控制产品适销对路;二是控制使用方法和技术上的偏差;三是控制客户认识和社会舆论的偏差;四是消除客户质量误会;五是妥善处理质量事故;六是加强与客户之间质量信息的沟通。通过加强以上6个方面的措施,使兽药产品质量的优势得到最大发挥,自然就会在客户的心里建立起兽药店的良好信誉。

3. 重视售后技术服务

技术服务是兽药产品质量、价格的延伸,是提高产品附加值的一种有效途径。一个产品的质量不仅仅是它的内在成分和外在包装,也包括它的配套服务,如果一个好的产品没有相应的技术服务,就不会有大的市场,更谈不上有好的价格。同时,技术服务是创造兽药名牌和品牌兽药店的关键因素。

(三)**售后服务策略**

1. 拥有素质高、能力强的售后技术员

售后技术员不但要具备业务员能够具备的腿勤、手勤、嘴勤、眼快、脑子转的快、善于沟通和抗挫折能力等最基本素质,还得掌握十分娴熟的专业技能以及具备专业以外的综合能力。

2. 建立优势的技术服务团队

当前,各企业的售后技术服务人员大多数是高校毕业生,年龄相对年轻,实践经验不足,且女性为数不少;稍有经验的技术员跳槽频繁,导致了售后技术岗位的不稳定性和流动性,从而严重影响了售后服务质量。这就要求企业加强对技术团队的培养,对于兽药店老板来说,自己或者自己的亲属掌握服务技能就非常有优势了。

3. 选择适应性强的技术员

地方语言的差异性会导致沟通障碍,这就要技术员能够尽快掌握当地语言,或者选择跟地方语言差异不大的技术员。另外由于各地养殖结构的差异性,工作条件以及各地生活习惯的差异性和各地用药习惯的差异性都会给售后服务工作造成影响。为了尽量减少这些差异,选择适应性强的技术员是解决问题的一种途径。

4. 发扬技术服务优势,变被动销售为主动销售

传统的兽药销售,是以大量市场铺货赊销等营销手段占据市场的被动销售模式,而近年来我们发现,养殖户真正需要的不是药品本身而是能够帮助其解决问题养好畜禽的技术。因此发扬技术优势,以技术带动销售的主动销售模式,更是具有长远眼光的新理念。

七、促销艺术

促销的终极目标是增加兽药销量并提升兽药企业或产品的知名度和美誉度。促销做得好,确实有助于提升销量,但是操作不当可能会成为变相降价或出现边际现象,如只等降价时机再进货。在兽药品种上促销治疗药不会起太大的作用,预混剂也会很难做,而添加剂是最有效的,因为可用可不用可达到刺激消费的作用。

(一)科学规划促销策略

在促销之前应有详细的促销方案,把握好一些关键点,做到科学规划。比如应组建一个临时促销团队,有专人负责,统一协调;注意促销内容的告知和宣传;有好的执行力度;对产品需求预测及准备等。除此之外,还应注意以下几点:

1. **什么时候需要搞促销**

有人认为淡季要促销,其实淡季本来需求量就不大,再促销量

也上不去,旺季才是促销的黄金季节,比如夏天促销空调,元旦促销羽绒服效果都非常好。旺季的促销如火上浇油,火越烧才越旺;那么多久促销一次呢? 最好是一年一两次,选择一个月时间强势促销,如果经常性的搞就会成为变相降价,给消费者造成降价预期与依赖心理。

2. 促销对象是谁

是规模化养殖场、还是散户? 不同的对象对产品的质和量的需求都是不一样的,对优惠价钱的预期也是不一样的。规模化养殖场对优惠价格预期不如散户那样强烈,因为散户购买量不大,优惠不多对他们来说无疑隔靴搔痒,意义不大。

3. 促销条件是什么

当出现以下几种情况时,促销的时机就成熟了:一是新产品上市。此时价位高,即使大力度的促销,也能保证丰厚利润。二是现有品牌的优势新产品推向市场时。三是所推出产品在市场上已有竞争优势时。四是广告攻势加强时。五是市场需求增大时;比如旺季,疫病高发季节。

(二)促销方法

促销的终极目标是提升销售业绩,那么就需要刺激养殖户或者养殖场产生强烈的购买欲望。从而激励消费者初次购买,达到使用目的;激励使用者再次购买,建立消费习惯。

促销方式如执行工具,是改造市场增进业绩的得力手段。这里提出九种促销方式,以供选择。

1. 无偿促销

指的是针对目标顾客不收取任何费用的一种促销手段。它包括两种形式:第一,无偿附赠(以"酬谢包装"为主),比如将赠品捆绑或附着在主要产品上无偿提供给消费者。第二,无偿试用(以"免费样品"为主),主要是将兽药直接提供给目标对象试用而不予取偿。

2. 惠赠促销

指的是对顾客在购买产品时所给予一种优惠待遇之促销

手段。

买赠,即购买获赠。只要顾客购买某一产品,即可获得一定数量的赠品。最常用的方式,如买一赠一,买五赠二,买一赠三等。

换赠,即购买补偿获赠。只要顾客购买某一产品,并再略做一些补偿,即可换取到其他产品。如花一点钱以过期药品换新药,再加1元送××产品,再花10块钱买另一个等。

退赠,即购买达标退利获赠,也就是兽药销售中常说的"返点"。只要顾客购买或购买到一定数量的时候,即可获得返利或赠品。它包括消费者累计消费返利和经销商累计销售返利。如当购买量达到1 000万元之时返利5%。当购买到10个商品时,免赠1个商品,当消费3次以上时退还1次的价款等。

3. 折价促销

指的是在顾客购买产品时,所给予不同形式的价格折扣之促销手段。

折价优惠券,即通称优惠券,是一种古老而风行的促销方式。优惠券上一般印有产品的原价、折价比例、购买数量及有效时间。顾客可以凭券购买并获得实惠。

折价优惠卡,即一种长期有效的优惠凭证。它一般由会员卡和消费卡两种形式存在,使发卡企业与目标顾客保持一种比较长久的消费关系。

现价折扣,即在现行价格基础上打折销售。这是一种最常见且行之有效的促销手段。它可以让顾客现场获得看得见的利益并心满意足,同时销售者也会获得满意的目标利润。因为现价折扣过程,一般是讨价还价的过程。通过讨价还价,可以达到双方基本满意的目标。

减价特卖,即在一定时间内对产品降低价格,以特别的价格来销售。减价特卖的一个特点就是阶段性。一旦促销目的完成,即恢复到原来的价格水平。

低价经营,即产品以低于市场通行价格水平来销售。低价经营属于一种销售战略,其整体价格水平在长期内均需低于其他经营者。而且,一开始,低价经营者就应以优惠的价格面市。从长远上看,低价经营虽是局部微利,但这一促销策略可以强力地吸引消费群,并达到整体丰利的目的。

4. 竞赛促销

指的是利用人们的好胜和好奇心理,通过举办趣味性和智力性竞赛,吸引顾客参与的一种促销手段。通过征集活动或有奖问答活动吸引消费者参与促销。如广告语征集、兽医知识竞赛、兽药品牌竞猜等。

5. 活动促销

指的是通过举办与产品销售有关的活动,来达到吸引顾客注意与参与的促销手段。

兽药新产品展销会,即活动举办者通过参加展销会、订货会或自己召开产品演示会等方式来达到促销目的。这种方式每年可以定期举行,其不但可以实现促销目的,还可以沟通网络,宣传产品。

抽奖与摸奖,即顾客在购买商品或消费时,对其给予若干次奖励机会的促销方式。可以说,抽奖与摸奖,是消费加运气并获得利益的活动。这种促销活动的其他形式还很多,例如,刮卡兑奖、摇号兑奖、拉环兑奖、包装内藏奖等。

娱乐与游戏,即通过举办娱乐活动或游戏,以趣味性和娱乐性吸引顾客并达到促销的目的。

制造事件,即通过制造有传播价值的事件,使事件社会化、新闻化、热点化,并以新闻炒作来达到促销目的。"事件促销"可以引起公众的注意,并由此调动目标顾客对事件中关系到的产品或服务的兴趣,最终达到刺激顾客去购买或消费。如果制造出的事件能够引起社会的广泛争议,那么,"事件促销"就会取得圆满结果。

6. 双赢促销

指的是两个以上市场主体通过联合促销方式,来达到互为利益的促销手段。换言之,两个以上的兽药经营主为了共同谋利而联合举办的促销,即为"双赢促销"。

7. 直效促销

指的是具有一定的直接效果的促销手段。直销促销的特点,就是现场性和亲临性。通过这两大特点,能够营造出强烈的销售氛围。

售点广告,即在销售现场张贴与悬挂海报、吊旗、台标及广告牌等。通过这些现场的传播方式、烘托产品气氛,达到促进销售的目的。

产品展列,即通过销售现场产品的展示陈列,以夺目摄心的态势吸引消费者。产品展示要遵从三大要素,即展列位、展列量和展列面。

宣传报纸,即印制产品内容与服务内容的报纸或宣传单,通过发放来导购促销。在宣传报纸上,不仅有产品或服务的详细介绍,往往还会印上折价优惠券,以刺激人们消费。

8. 服务促销

指的是为了维护顾客利益,并为顾客提供某种优惠服务,便利于顾客购买和消费的促销手段。可以说,服务促销最能够表现出顾客满意之理念。

销售服务,即销售前的咨询与销售后的服务。售前咨询和售后服务都可以达到促销目的。

送货上门,即将客户所购产品无偿地运送到指定地点,或者代办托运。送货上门,是服务促销基本的服务形式之一。

免费培训,即为客户免费教授产品知识与使用方法。免费培训一般是产品售出时附赠的服务项目。

免费治疗,即在兽药销售中,为客户提供免费的疾病诊疗技术。

分期付款,即顾客对所购产品可以按规定时间分批分次的交付款项。此方法可以缓解顾客的经济状况,保持顾客持久地支付能力。

延期付款,即顾客可以对所购产品在一定时间内交付款项。其与分期付款不同的是,延期付款一般只是一次性,在规定的时间里一次付清。延期付款可以暂时缓解顾客的经济状况,使顾客有充足的筹款时间。延期付款促销,可以吸引那些对产品有期待,但又一时缺乏支付能力的顾客。

会员制经营,即商品的经营者采用消费者入会,可以享受内部优惠待遇的促销方式。会员制一般列有明细的入会条款、受惠条款及需交纳一定的入会费用。会员享有购物权、消费权、保护权、服务权、折扣权等权力。会员制可以保留自己的基本顾客,使经营处于一种稳定状态。

9. 组合促销

指的是将两种以上促销方式配合起来使用,以求达到更有效率的促销手段。我们知道,在此之前的促销方式已有8种,其中每一种都可以与另外7种促销方式组合,这样,组合促销就可以达到49种形式。

但是,我们也发现,有些促销是不便于有机组合的,如无偿促销与折价促销,两者存在着一定的矛盾,在促销时就不能强扭在一起。因此,在我们运用组合促销时,应选择不同方式进行合理的配置。

兽药品牌多元化与市场复杂化的发展,兽医和养殖户的个性化越来越明显,尤其是刚刚成长起来的新一代兽医和养殖户,他们几乎守着各种各样的促销长大,一般的促销手法,对他们已构不成任何吸引力,尤其是那些没有系统性缺少沟通的低层次促销,更不可能产生理想的效果,不要进入"不降价、不促销我就不购买"或者"反正他们喜欢搞促销,等到促销的时候再买产品吧"的怪圈。所以选择哪种促销手段,都要根据市场变化及时调整和大胆创新。

八、催收赊欠款的技巧

催收赊欠款是销售中的一大难题,虽说欠债还钱天经地义,这只是针对"君子"来说的。至于催款技巧,每个人的情况不同,运用的方法也不同。这里所说的技巧也是针对"君子"而言,万一遇到要赖不还的客户采取这些技巧却是不一定有效的,那就要采取法律等手段来维护自己的合法利益。

(一)计划篇

1. 确定收款员

让谁去收账,直接决定收款的效果。按照人的性格,收款员大致可以分为三类:第一类为自信型,这类人具有诚实、坦率、果断、机智、有敏锐的洞察力、准确的判断力、快速的行动力等特质;第二类为胆怯型,这类人一般具有顺从、谦虚、无主见、不坚持、轻易被客户说服等特质,这类人在收账时往往容易浪费时间,丧失有利收款时机;第三类为进攻型,这类人具有粗暴、无理、自大、出口伤人、强势等特质,这类人收款可能会损害客户关系,阻碍追账进程,甚至可能带来损失。

当然,以上分类只是理论上的,现实中人的性格特征多种多样,不能一概而论,也许是上述几种类型的组合。无论选择哪类人进行收账,还要针对欠款人的性格特征进行决定,如果对方非常强势,甚至无理取闹,那么第三类人和第一类人的合理组合去收账效果也许不错。

2. 坚定信心,理直气壮

欠债还钱天经地义。有的收款人员认为催收太紧会使对方不愉快,影响以后的关系,把自己搞得跟孙子一样,对赊欠户讨好、乞求对方所谓理解,但是这样反而会助长赊欠户的赊欠底气。欠货款越多,支付越困难,越容易转向别的公司进货,你就越不能稳住这一客户,所以还是加紧催收才是上策。

3. 进行风险评估

按照欠款预定的回收时间及回收的可能性,将货款分为未收款、催收款、准呆账、呆账、死账几类。对不同类型的货款,采取不同的催收方法,施以不同的催收力度。

4. 确定催收方式

依据货款期限的长短、货款金额大小、客户的信誉度、资金实力等因素,做出一个轻重缓急的货款回收计划,确定是以"理"服人还是以"法"服人。催款的原则当然是"有礼有节",既要能将欠债追回来,又尽量顾及双方的合作关系,保全对方脸面,以不影响双方今后合作为佳。如果脸皮一旦撕破,欠款人就有可能以烂为烂,破罐子破摔,导致收款困难。不过,对于这种情况,那就只能采取付诸法律等其他措施了。

5. 确定最佳催收时间

避免在 21:00 以后至第二天 9:00 以前打电话或者上门催收,因为这个时间打电话都暗示有紧急的事情。当然如果欠款人经常早上出去的话,那你就要赶早或者赶晚把他给堵住了。在用餐时间避免接触,以免造成不便。另外,如果得知对方手上有现钱了,这也是最佳的催收时间。实践证明,货款拖欠的越久,就越难收回,如果超过两年没有催收,那估计也就要不回来了,法院也不予保护。

(二)技法篇

1. 找到拍板付钱的人

在催收欠款时,要找主要管事的、能够拍板还钱的人,这样才能有的放矢,也少去了不相干推诿搪塞的机会,否则不仅白费口舌还给主事人更多的信息,给对方更多的时间和手段来对付你。尤其是对于付款情况不佳的客户,一碰面不必跟他寒暄太久,应赶在他向你表功或诉苦之前,直截了当地告诉他,你来的目的不是求他收购自己的货物,而是他该付自己一笔货款;且是专程前来。让欠款户打消掉可以给他机会让他处于主动地位的念头,不要给与他做好如何对付你的任何拖、赖、推、躲思想准备的时间。

2. 借力打力法

催收欠款有时无需自己亲自上阵,也没有必要面对面的"肉搏"。完全可以借用太极技法"借力打力";可借的"力"有很多,比如可以借助于政策、形势、相关利害关系人、主管上级、舆论宣传、人情、信誉等,范围之大,只有想不到没有做不到。设计一个人情,让债务人不好意思拉下情面、抹不开面子自然也就成为催收欠款的一大法宝。借助于利害关系人来催讨,让利害关系人对其施加压力,比如说债务人的雇主、房东、债务人的主要客户等,当然其前提是你应该和这些利害关系人有一定的关系。借助于舆论也可以对一些对自己声誉很重视的债务人施加压力而使债务人不得不履行债务。

3. 借刀杀人法

当到经销户处登门催收欠款时,看到债务人有另外的客人时一定要利用好这个机会,不要走开。你一定要说明来意,专门在旁边等候。因为经销户不希望他的客人看到债主登门,这会让他感到难堪,在新来的朋友面前没有面子。倘若欠你的款不多,他多半会装出很痛快的样子还你的款,为的是尽快赶你走,或是挣个表现给新的合作者看。

4. 密切关注异常情况

如债务人不想经营而准备把店转让给他人了,或是法人代表换了,经营转向了,一有风吹草动,要马上采取措施,防患于未然,杜绝呆账、死账。

5. 明辨是非

催收欠款,债务人总会有各种各样的理由和借口。这就要催收人明辨各种借口的真相,辨明是是非非,采取相应的应对措施,对方谎言揭露、无计可施时就会考虑付钱了。

6. 杀鸡儆猴法

这种方法其目的就是只惩罚一个,以使其余多数人受到威慑,既节省了时间、金钱、精力又警戒了大众,是对付"法不罚众"的一条好计。这种做法必须注意几点:那就是债务人不止一个且相互又有联系的,或者居住相对较近时;惩罚对象应有典型代表性;惩罚效果应该具有威慑性,惩罚方法具有合法性。(此处的威慑不是威胁等违法追账措施,违法追账是被明令禁止的。)

7. 声东击西法

这种方法主要针对顽固的赖账大户,我们不一定与其正面交锋,要积极寻找能够牵制对方的办法,如债务人急于得到的东西或害怕失去的东西等,了解其心理上的弱点和商务安排中的缺陷,一旦找到其要害,不必正面出击,可乘其不备,攻其要害(要合法),迂回包抄,断其后路,施加压力,迫其就范。当然,催收赊欠款的方法远不止这些,我国古代《孙子兵法》内容博大精深,不妨可以借鉴。要相信,办法总比问题多。

8. 恩威并济

这个办法在实践中是非常有效地,既要让债务人因感动而有主动还钱的意愿,也有害怕违约造成损失的心理。

9. 学会讲话

说话是一门艺术,沟通能力是有效说服债务人结清欠款的神奇法宝。在上文中已经说道,见面礼貌寒暄之后,应开门见山,直接说明来意表明我们对收账的关注和收回的决心。

注意说话的方式、速度和音量。绝对不要一开始就咄咄逼人,以免破坏了双方的良好关系。在谈话的过程中,要保持一种冷静的但很坚决的态度,收款的态度要坚决,没有回旋的余地,不能自相矛盾、前后不一致,否则很容易让客户抓到把柄而拒绝或延期付款。说话要讲究"外柔内刚",对于客户的暂时付款困难,要积极地提供帮助意见,要从双方长期合作的角度考虑问题,假借对方立场就能获得认同感,货款自然好收些。

"承诺并不代表付款",所以不管对方作出什么承诺,最好能够落实到书面上。同时继续追踪,直到对方清账为止。

对方的思考和分析,才有可能被接受。反之,拿不出有力的事实依据和耐心的说服讲解,推销是不会成功的。

2. 优柔寡断型

这类客户对是否购进某品牌兽药犹豫不决,即使决定购进,但对于该品牌的规格、包装、价格等又反复比较,难以取舍。他们外表温和,内心却总是瞻前顾后。

对这类客户,兽药营销人员要冷静地诱导他表达出所疑虑的问题,然后根据问题做出说明。等到对方确已产生购买欲望后,兽药经销员不妨采取直接行动,促使对方做出决定。比如说:"那么,我们下周给您送货,可以吗?"

3. 自我吹嘘型

这类客户虚荣心很强,总在别人面前炫耀自己。兽药经销员与这类客户打交道的时候要以客户熟悉的事物寻找话题,适当利用请求的语气,当一个"忠实听众",且表现出羡慕钦佩的神情,以满足对方的虚荣心。

4. 豪爽干脆型

这类客户办事干脆直接,说一不二,但往往缺乏耐心。兽药经销员与这类客户交往,必须掌握火候,使对方懂得攀亲交友胜于买卖。推介新的兽药品牌时要干净利落,不必绕弯子。

5. 喋喋不休型

这类客户喜欢凭自己的经验和主观意志判断事物,不易接受别人的观点。应对这类客户,兽药经销员要有足够的耐心和控制能力。当客户在情绪激昂地高谈阔论时,要给他合理的时间,切不可在他谈兴正浓时贸然制止。一旦双方的推销协商进入正题,兽药经销员要任其发挥,直至对方接受产品为止。

6. 沉默寡言型

这类客户老成持重、稳健不迫,对兽药经销员的宣传劝说之词虽然认真倾听,但反应冷淡,不肯轻易表露自己的想法。与这类客户打交道,兽药营销人员应该避免讲得太多,尽量使对方有讲话的机会,要表现出诚实和稳重,特别注意谈话的态度、方式和表情,争取给对方留下良好的印象。

7. 吹毛求疵型

这类客户疑心重,一向不信任兽药经销员,片面认为兽药经销员只会夸张地介绍产品的优点。所以这类客户不易接受他人的意见,而且喜欢鸡蛋里挑骨头。与这类客户打交道,兽药经销员要采取迂回战术,先与他交锋几个回合,但必须"心服口服"地宣称对方高见,让其吹毛求疵的心态发泄之后,再转入正题。一定要注意满足对方争强好胜的习惯,请其批评指教。

8. 虚情假意型

这类客户表面上十分和蔼,但缺少购买的诚意。如果兽药经销员提出购进某种兽药时,对方或者环顾左右而言他,或者装聋作哑。在这类客户面前,兽药经销员要有足够的耐心。这类客户常常会提出很多优惠要求,兽药经销员不要轻易答应,否则会进一步动摇其购买的欲望。

9. 冷淡傲慢型

这类客户高傲、自以为是、自尊心强,兽药经销员不易与他们接近,但一旦建立起业务关系,便能够持续较长的时间。对这类客户,兽药经销员要接近他们,最好由熟人介绍为好。

10. 情感冲动型

这类客户对于事物变化的反应敏感,情绪表现不稳定,容易偏激。面对这类客户,兽药经销员应当采取果断措施,切勿碍于情面,必要时提供有力的说服证据,强调给对方带来的利益与方便,不给对方留下冲动的机会和改变的理由。

二、客户管理

客户管理的目的,首先是通过了解客户的需求有针对性进行兽药销售,进而提高销量;其次有利于欠账款的回收和管理;最后有利于与客户建立良好的关系。若能与客户保持良好的合作关系,那么下次的商谈和签约就容易多了。

(一) **客户管理的原则**

1. 尊重客户

真正尊重客户,是开展客户管理的前提和基础。

2. 突出重点

重点客户不仅包括现有客户,还应包括未来客户和潜在客户,对于重点客户或大客户要予以优先考虑,配置足够的资源,不断加强业已建立的良好的工作关系。

3. 保持动态性

客户管理是一个动态的过程,因为客户的情况是不断变化的,所以客户的资料也要不断的加以更新。

4. 用重于管

灵活有效地运用客户的资料,对于数据库中的客户资料要善加利用,在留住老客户的基础上,不断开发新的客户。

(二) **客户管理的内容**

主要有以下几种,应尽量的完整。

1. 基础资料

主要包括客户的名称、地址、电话、所有者、经营管理者、法人代表及他们个人的性格、兴趣、爱好、家庭、学历、年龄、能力、创业时间、资产、与本店交易时间等。它主要是兽药经销员通过出诊和客户访问得到的。

2. 客户特征

主要包括养殖品种、养殖规模、主要需求何种类型兽药、经销观念、经营方向和经营特点等。

3. 业务状况

主要包括销售兽药剂型、兽药数量、涉及金额、与其他竞争者的关系、与本店的业务关系及合作态度等。

4. 信誉状况

主要包括每次交易货款交付情况、赊欠货款情况、客户信用问题等方面。

三、客户异议处理

兽药经销员在和客户完成交易的整个过程中,不可避免的会遇到客户的各种异议。兽药营销的过程实质就是处理异议的过程。客户的异议能够得到顺利妥善的处理,营销才能进入下一个阶段,否则,营销工作就会被迫中断。兽药经销员必须随时做好心理和行动准备,从接近客户、产品介绍、示范操作、提出建议到完成销售的每一个步骤,客户都有可能提出异议。遇到客户异议,兽药经销员要冷静、坦然地化解客户的异议,每化解一个异议,就摒除您与客户间的一个障碍,您就愈接近客户一步。营销员要牢记:真正销售是从客户的异议开始。

(一)客户异议的概念

客户异议是兽药经销员在销售过程中遇到的客户不赞同、不满意、提出质疑或拒绝的言行。

对大多数新加入兽药销售行列的兽药经销员来说,对太多的异议感到挫折与恐惧,对异议大多抱着负面的看法。但是对一位有经验的兽药经销员而言,却能从另外一个角度来体会异议,揭露出另一层含意。比如,从客户提出的异议,判断客户是否有需要;从客户提出的异议,了解客户对您的兽药产品接受程度等。

(二)客户异议类型

兽药经销员只有熟悉并善于应付客户异议的各种表现,才能有效的说服和服务客户,取得营销的成功。

1. 兽药需求方面的异议

指客户认为产品不符合自己的需要或认为解决不了自己的需求而提出的反对意见。如客户说出"我已经在使用某种兽药"或"我不需要"之类的话时,表明客户在需求方面产生了异议。面对客户的需求异议,可能有两种情况:一是客户确实不需要或是已经有了令他满意的兽药产品,在这种情况下,兽药经销员应立刻停止营销,转换营销对象。在了解客户真实想法和其使用的兽药产品有何优缺点后再进行针对性的营销。二是客户只是想摆脱兽药营销人员的一种托词。面对这种可能,兽药经销员应运用有效的异议化解技巧来排除障碍,从而深入开展营销活动。

2. 兽药产品质量方面的异议

又称兽药产品异议,是指客户针对兽药产品的质量、疗效、规格、包装等方面提出反对意见。这是一种常见的客户异议,其产生的原因非常复杂,有可能由于产品本身客观存在不足,也有可能源于客户自身的主观因素,如客户的文化素质、知识水平、使用习惯等,这种异议是营销人员面临的一大障碍,且一旦形成就不易说服。兽药经销员在遇到产品质量方面的异议时,如果是第一种原因,首先应让客户明白,任何一种兽药产品都有其毒副作用,就像"人无完人"一样,任何产品也是如此,关键是你要在兽药产品中替客户找到其"利益关键点",让客户有所取舍。如果是第二种原因,最好的说服客户方法是靠有公信力的事实:如媒体报道、兽药检测机构出具的报告和养殖户现身说法等。

3. 兽药价格方面的异议

兽药经销员在营销中遇到最多的是兽药价格方面的异议,这也是客户最容易提出来的问题。价格异议是指客户认为兽药价格过高或价格与价值不符而提出的反对意见。一般来说,客户在接触到产品后,都会询问其价格。因为产品在未带给客户利益之前,价格就是与客户利益最为密切相关的敏感点。在初次交易中,即使营销人员的报价比较合理,客户仍会抱怨产品价格太高,这是因为从客户的角度来看:讨价还价是天经地义的事情。

在客户提出兽药价格方面的异议时,营销员要注意这可能是客户对产品表示感兴趣的一种信号,说明客户对兽药产品的其他方面,如质量、疗效等方面比较满意。因此,营销员要把握机会,可适当降价,或从产品的性价比、售后服务等证明其价格的合理性,说服客户接受其价格。

4. 兽药服务方面的异议

是指客户针对兽药购买前后一系列服务的具体方式、内容等方面提出的反对意见。这类异议主要源于客户自身的使用知识和认识习惯。处理这类异议,关键在于不断提升兽药经销员的服务意识和服务水平。

(三)客户异议处理原则

1. 事前做好准备

"不打无准备之仗"是兽药经销员应对客户异议应遵循的一个基本原则。面对客户的异议,做一些事前准备可以做到心中有数、从容应对,反之,则可能惊慌失措、不知所措,或不能给客户一个圆满的答复以说服客户。

2. 选择适当时机

优秀的兽药经销员对客户的异议不仅能给予一个比较圆满的答复,而且能选择恰当的时机进行答复。可以说,懂得在何时回答客户异议的营销员会取得更大的成绩。

3. 不要和客户争辩

不管客户如何批评,兽药经销员永远不要与客户争辩,这是因为,争辩不是说服客户的好方法,与客户争辩,失败的永远是销售人员。营销员应当记住:占争论的便宜越多,吃销售的亏越大。

4. 要尊重客户

兽药经销员要尊重客户的意见。无论客户的意见对还是错、深刻还是幼稚,销售人员都不能表现出轻视的样子。试想一个自尊心感受到挫伤的客户,还会和你完成交易吗?

(四)处理客户异议的步骤

1. 缓冲

兽药经销员首先应当理解和尊重客户的观点,融入客户的世界,同时要让客户知道自己的观点,并愿意为他提供帮助。在这个过程中,兽药经销员要记住永远不要同客户争辩,一旦那样将事与愿违,往往达不到任何效果。

2. 询问

在经过缓冲之后,兽药经销员应当让客户知道你愿意并乐于为他提供帮助,这时可设法提出一个很小的要求,将自己与客户之间的谈话继续下去非常重要。如:"我可以问一下这件事是什么时候发生的吗?"然后接下来再具体询问客户异议的来龙去脉。

3. 认真倾听且做好记录

通过询问和聆听,了解客户异议的具体内容,以及异议产生的根本原因,并做好记录。记录要注意贯彻5个原则,即:何时?何事?在哪儿发生?与何人有关?客户希望如何解决?

4. 处理异议

在充分了解的基础上,针对客户异议的根本原因或者主导需求进行说服处理工作。对客户的异议能现场解决的就现场解决,现场解决的问题越多,兽药经销员的威信就越高。对于实在不能在现场解决的异议,一定要给客户一个大概什么时候回访并解决的答复。

5. 确认客户是否满意和回访

对一些现场无法解决的异议,兽药经销员要设法先使现场气氛融洽,及时做好记录,并将客户关心的结果及时通过电话或回访告知客户,赢得客户的信任。

(五)处理客户异议的基本方法

1. 询问处理法

是兽药经销员通过对客户的异议提出疑问来处理异议的策略和方法。在运用时首先要询问,通过询问获得信息来了解客户的真实想法,然后通过自己掌握的情况向客户提出疑问,在解答疑惑中解决客户的异议。这种处理法适合在现场解决客户异议。

2. 反驳处理法

是兽药经销员根据较明显的事实与理由直接否定客户异议的一种处理策略。这类异议可能是由于客户的理解错误或者思维定式引起的,所以在利用反驳处理法时要注意不能让客户感到自尊心受到伤害,语言语气要尽量平和,要有理有据,要给客户一个简明的解答。

3. 利用处理法

是兽药经销员直接利用客户异议进行转化而处理客户异议的一种方法。客户经理在运用时将计就计,利用正确、积极的一面,去克服错误、消极的一面,解决客户提出的关于客户的实际问题和看法。运用此法时要注意缓和客户的情绪,对兽药经销员的能力要求也比较高。

4. 间接处理法

是兽药经销员根据有关事实与理由间接否定客户异议的一种处理策略。在运用时首先表示对客户异议的同情、理解,然后进行反驳。值得注意的是此法仅运用于客户的无知、成见、片面经验、信息不足与个性引起的客户异议,针对其他异议要谨慎使用间接处理法,否则可能会引起客户的反感。

5. 补偿处理法

是兽药经销员对客户异议实行补偿而处理客户异议的方法。在实际运用时兽药经销员要注意只能承认真实有效的客户异议,实事求是地承认与肯定客户提出的异议,然后采取有针对性的措施进行补偿。

(六)处理客户异议技巧

为了处理好客户异议,兽药经销员在听到客户异议时,应保持冷静,不可动怒,更不可采取敌对行为,要认真倾听客户异议,真诚欢迎客户提出异议。只有在充分尊重客户的前提下,客户自然也较容易接纳营销员相反的意见。下面介绍6项处理异议的技巧,希望能让兽药经销员面对客户的异议时更加自信。

1. 忽视法

就是当客户提出一些反对意见,并不是真的想要获得解决或讨论时,如果这些意见和眼前的目的没有直接关系时,营销员只要面带笑容地同意客户就好了。对于一些"为反对而反对"或"只是想表现自己的看法高人一等"的客户意见,若是认真地处理,不但费时,还有旁生枝节的可能,因此,营销员只要让客户满足了表达的欲望,就可采用忽视法,迅速地引开话题。

忽视法常用的方法有:微笑点头,表示"同意"或表示"听了您的话"、"您真幽默"、"嗯!真是高见!"

2. 补偿法

当客户提出的异议,有事实依据时,营销员应该承认并欣然接受,强力否认事实是不明智的举动。但记得要给客户一些补偿,让客户取得心理的平衡,也就是让他产生两种感觉:一是产品的价格与售价一致的感觉;二是产品的优点对客户是重要的,产品没有的优点对客户而言是不太重要的。

世界上没有一样十全十美的产品,当然要求产品的优点愈多愈好,但真正影响客户购买与否的关键点其实不多,补偿法能有效地弥补产品本身的弱点。补偿法的运用范围非常广泛,效果也很实用。

3. 太极法

当客户提出某些不购买的异议时,营销员能立刻回复说:"这正是我认为您要购买的理由!"如果营销员能立即将客户的反对意见,直接转换成为什么他必须购买的理由则会收到事半功倍的效果。太极法能处理的异议多半是客户通常并不十分坚持的异议,特别是客户的一些借口。太极法最大的目的,是让营销员能借处理异议而迅速地陈述他能带给客户的利益,以引起客户的注意。

4. 询问法

询问法在处理异议中扮演着两个角色:一是透过询问,把握住客户真正的异议点;二是营销员在没有确认客户反对意见重点及程度前,直接回答客户的反对意见,往往可能会引出更多的异议,让营销员自找烦恼。营销员的字典中,有一个非常珍贵、价值无穷的字眼"为什么?"不要轻易地放弃了这个利器,也不要过于自信,让客户自己说出来为上策。

当你问为什么的时候,客户必然会做出以下反应:一是他必须回答自己提出反对意见的理由,说出自己内心的想法。二是他必须再次检视他提出的反对意见是否妥当。此时,营销员能听到客户真实的反对原因及明确地把握住反对的目的,营销员也能有较多的时间思考如何处理客户的反对意见。

5."是的……如果"法

人有一个通性,不管有理没理,当自己的意见被别人直接反驳时,内心总是不痛快,甚至会被激怒,尤其是遭到一位素昧平生的营销员的正面反驳。屡次正面反驳客户,会让客户恼羞成怒,就算营销员说得都对,也没有恶意,还是会引起客户的反感,因此,营销员最好不要开门见山地直接提出反对的意见。在表达不同意见时,尽量利用"是的……如果"的句法,软化不同意见的口语。用"是的"同意客户部分的意见,在"如果"表达在另外一种状况是否这样比较好。

6. 直接反驳法

直接反驳客户容易陷于与客户争辩而不自觉,往往事后懊恼,但已很难挽回。但有些情况您必须直接反驳以纠正客户不正确的观点。例如:客户对你的服务、经营的诚信有所怀疑时;客户引用的资料不正确时。出现上面两种状况时,营销员必须直接反驳,因为客户若对你的服务、经营的诚信有所怀疑,你们交易机会几乎可以说是零。如果客户引用的资料不正确,您能以正确的资料佐证您的说法,客户会很容易接受,反而对您更信任。使用直接反驳技巧时,在遣词用语方面要特别的留意,态度要诚恳、对事不对人,切勿伤害了客户的自尊心,要让客户感受到您的专业与敬业。

参考文献

[1] 秦耀明. 兽药与饲料营销操典[M]. 北京:中国农业科学技术出版社,2006.

[2] 黎细月. 兽药营销人才必读[M]. 北京:中国农业科学技术出版社,2005.

[3] 岳治光,等. 盘点2009展望2010的兽药营销[J]. 兽药市场营销指南,2010(1):62-64.

[4] 徐廷生,程相朝. 兽药与饲料营销秘诀[M]. 北京:中国农业出版社,2004.

[5] 李如治. 家畜环境卫生学[M]. 北京:中国农业出版社,2004.

[6] 李清艳. 动物传染病学[M]. 北京:中国农业科学技术出版社,2008.

[7] 胡元亮. 兽医处方手册[M]. 北京:中国农业出版社,1999.

[8] 胡功政. 兽医药剂学[M]. 北京:中国农业出版社,2008.

[9] 曹礼静. 兽药及药理基础(第2版)[M]. 北京:高等教育出版社,2010.

碰到乱发脾气、满腹牢骚的客户，更要"冷静"应对。要让对方明确：卖货付款是他应承担的责任，你的那些牢骚事不是我造成的，更不是不付款的理由。当然表达这个意思时要讲究方式，应委婉表达。既要让对方听懂，又不至于对方尴尬。

第五章　兽药店客户管理

兽药店的核心任务是销售,而销售的核心是客户。客户就是帮助兽药店销售产品,为兽药店提升销售业绩带来经济效益的人。

客户管理的本质就是如何有效的利用已有客户这项资源,对其进行全方位的开发、培养并使其带来价值的好客户。

一、客户的类型

兽药店与其他店面不同,有其特殊性。兽药经销员要经常出诊,要深入到养殖企业、养殖户和养殖小区中去推介、宣传自己经营的兽药。为了达到和客户多交流,了解他们的所思所想,了解他们当前和今后需要解决的问题,首先一点就要了解和你交流客户的类型。客户的类型可按不同的标准来划分:

(一)按交易数量和市场地位来划分

可划分为大客户、一般客户和小客户。

(二)按交易时间来划分

可分老客户、新客户和潜在客户。

(三)按客户的性格来划分

可分为以下10种:

1. 从容不迫型

这类客户严肃冷静,遇事沉着,不易为外界事物和宣传所影响,他们对兽药经销员的建议认真聆听,有时还会提出问题和自己的看法,但不会轻易作出购买决定。

对这类客户,兽药经销员必须从熟悉产品特点着手,谨慎地应用层层推进引导的办法,多方分析、比较、举证、提示,使客户全面了解利益所在。与这类客户打交道,兽药经销员的建议只有经过